高敏感人群自救手册

如何摆脱精神内耗，建立安全感

韩雅男 著

中国纺织出版社有限公司

内 容 提 要

许多看似稀松平常的事物，对高敏感人群来说却意味着痛苦和灾难。哪怕只是电视音量的改变，或是冷热空气的交替，都会让他们感到不适；别人一个不经意的眼神，或是一句无心的玩笑，更是会牵动他们敏感的神经。

这种过度的反应模式，拖拽着高敏感人群的情绪与行为，让他们无法充分享受生活的美好，经常被困在烦躁与压力之中。为什么高敏感人群总是反应过度？拥有这样的特质是不是一种灾难，很难活得轻松舒适？

本书结合神经科学与心理学，阐释了高敏感特质产生的生理因素与环境因素，让读者客观地认识到，高敏感并非一种纯粹的缺陷，它也是一种被低估的品质和能力。只要通过有效的练习，高敏感人群也可以找到与世界相处的舒适方式，恰到好处地释放出敏感特质与众不同的天赋。

图书在版编目（CIP）数据

高敏感人群自救手册：如何摆脱精神内耗，建立安全感 / 韩雅男著. -- 北京：中国纺织出版社有限公司，2024.8（2025.5重印）

ISBN 978-7-5229-1786-3

Ⅰ. ①高… Ⅱ. ①韩… Ⅲ. ①心理调节—通俗读物 Ⅳ. ①B842.6-49

中国国家版本馆CIP数据核字（2024）第102943号

责任编辑：郝珊珊　　责任校对：高　涵　　责任印制：储志伟

中国纺织出版社有限公司出版发行
地址：北京市朝阳区百子湾东里A407号楼　邮政编码：100124
销售电话：010—67004422　传真：010—87155801
http://www.c-textilep.com
中国纺织出版社天猫旗舰店
官方微博 http://weibo.com/2119887771
天津千鹤文化传播有限公司印刷　各地新华书店经销
2024年8月第1版　2025年5月第2次印刷
开本：880×1230　1/32　印张：6.25
字数：160千字　定价：55.00元

凡购本书，如有缺页、倒页、脱页，由本社图书营销中心调换

序　言

"你是不是太敏感了？那些话不是针对你的。"

"你想那么多干吗？总是把简单的问题复杂化！"

"你的脾气似乎不太好，成年人得学会控制一下情绪。"

"你太脆弱了，职场任何时候都不需要玻璃心的人。"

类似这样的话，是否反复在你耳边出现？也许是出自他人之口，也许是你的内心独白，无论是哪一种情形，恐怕都有一个事实需要你正视：你很容易受到外部环境的影响，对细节有着超乎常人的感知能力和信息加工能力，总是无法自控地过分解读他人说的话，情绪像过山车一样忽高忽低，时常感到精疲力竭。

为此，你可能也涌现过这样的懊恼——

为什么同样一件事情，别人都不敏感，我却反应过度？

为什么我很努力地做事，却遭到了同事的边缘化，沦为职场里的"透明人"？

为什么别人在人际交往中游刃有余，时刻小心翼翼的我，反倒被人说成高傲孤僻？

为什么别人的处境都不像我这么艰难，难道真的是"我有问题"？

不，真相并非你想的那样。

这个世界上有些人生来就和多数人不太一样：他们拥有一种特殊的神经系统，能够感知到比别人更多的信息，即使是微弱的光线和微小的声音，他们也可以清晰地感知到；他们拥有很强的共情能力，对别人的情绪极度敏感，也常常被卷入到对方的情绪中；他们对刺激反应过度，很容易因为一些小事而产生强烈的、持久的负面情绪；他们不喜欢人多热闹的场合，会感到压抑、憋闷、能量被吸走，喜欢一个人待着，远离喧嚣的世界。

如果这些描述戳中了你的特征，我希望你知道，你并不孤单，这个世界上有1/5的人正在经历你所经历的，正在体验你所体验的，他们与你感同身受；我还希望你知道，敏感不是你的错，它与脆弱、矫情、玻璃心无关，也不是哀怨、较真和神经质，只是一种与生俱来的人格特质——高敏感，仅此而已！

不可否认的是，身为高敏感人群（Highly Sensitive Person，简称HSP）中的一员，生活在这个信息爆炸的时代，难免会遭受诸多的困扰，产生大量的情绪内耗，甚至会怀疑自己、否定自己、厌恶自己，强迫自己变得"钝感"，结果却一次又一次地败给"忍不住想太多"。

与生俱来的高敏感，是不是一种诅咒呢？

如果你对高敏感缺少正确的认知，接受了外界给你贴上的一系列标签——内向、社恐、脆弱、矫情、多愁善感、爱胡思乱想，认为自己的反应过度是一种"缺陷"，总是排斥它、抵抗它，高敏感确实会成为一把束缚你的枷锁，让你终日挣扎在偏见、压力与痛苦之中。

相反，如果你对高敏感有清晰的认识、深刻的理解，全然接纳这一天生的特质，你对世界的感受会发生翻天覆地的变化。高敏感不会消失，但它会化作一份礼物，让你感知到更多的信息，感受到丰盛的内在世界；拥有孜孜不倦的探索精神，获得沉浸式的专注与享受；摆脱外界的期待，开启独属于高敏感者的自在人生。

还记得电影《阿凡达：水之道》里的奇莉吗？她生来就与其他孩子不同，敏感、内敛、安静，喜欢独处，当她来到礁石部落之后，许多陌生人和异样的眼光让她焦虑、痛苦。可是，她与大自然的关系是那么和谐，她喜欢聆听自然界的声音，喜欢亲近土地、动物与植物。她会躺在草丛中享受平静的时刻，在水下感受鱼儿的游动，连圣树的种子与木精灵也会落在她身上。奇莉拥有超乎寻常的感受力，她可以听见潘多拉星球生命神的呼吸，她的辫子可以让声音树与灵魂树链接，她是潘多拉的灵魂人物。

高敏感人群与奇莉有太多的相似之处，他们生来就与周围的人不一样，可这份不一样恰恰也是最珍贵的天赋。高敏感不是脆弱，而是一种巨大且温柔的力量，只是许多高敏感的人尚不知道如何打开这份礼物。在此，我愿以这本充满温暖的实用小书，与高敏感的你一起走过这段自我成长的旅程。我想说，你真的不需要强迫自己做出改变，大胆地、敏感地活出真实的自己吧！请相信这份温柔且细腻的力量，它远比我们想象的更强大！

韩雅男
2024年1月

目 录

CHAPTER 01 为什么你总是忍不住想太多　　1

 **自救指南：高敏感者天生如此，无关脆弱与矫情**

1.1　因为想太多，你被贴过多少标签　1
1.2　全世界有1/5的人与你感同身受　4
1.3　多疑、脆弱，都是对高敏感的偏见　8
1.4　高敏感人群不同于常人的四个特质　11
1.5　同样的高敏感，不同的敏感风格　14

CHAPTER 02 太敏感是一种幸运还是诅咒　　19

 **自救指南：高敏感可以化为礼物，在你正确理解它以后**

2.1　高敏感是不是一种负面的特质　19
2.2　天才与疯子，只有一步之遥　21
2.3　共情：直抵人心的"万能钥匙"　25
2.4　绝境中的美好，只属于细腻的触角　28
2.5　深度思考力是一种稀缺的能力　33
2.6　直觉带你走向意料之外的收获　36
2.7　撇开肤浅社交，为深度关系留白　38

CHAPTER 03 怎样避免过度的感官刺激　　　　41

　　　　自救指南：主动屏蔽信息的干扰，感官过载时立刻抽离

3.1　化被动为主动，阻截泛滥的无效信息　41
3.2　少发微信，适时关闭朋友圈，不会失去朋友　44
3.3　限制新闻的摄入量，稀缺的精力要慎用　47
3.4　手机App越多，消耗的注意力越多　49
3.5　每天或每周设置"轻断网窗口期"　52
3.6　随身携带一副降噪耳机，你会感谢它的　55
3.7　善待自己的身体，感官过载时立刻抽离　57
3.8　感官疲劳之后，这样做可以快速恢复　59

CHAPTER 04 为什么高敏感的人容易心累　　　　65

　　　　自救指南：降低20%的自我苛求，减少80%的精神内耗

4.1　明明什么都没干，却感觉精疲力竭　65
4.2　糟糕的不是高敏感，是对高敏感的排斥　69
4.3　停止遮遮掩掩，你会活得轻松许多　72
4.4　你心心念念的完美，正在吞噬你的自信　74
4.5　拿出一段时间，允许自己什么也不做　79
4.6　不要用苛刻的标准评判自己的行为　84
4.7　灾难化思维出现时，中断消极推演　86

CHAPTER 05　怎样平息内心的情绪风暴　　91

自救指南：不再强迫自己情绪稳定，是获得情绪自由的开始

5.1　为什么高敏感者的情绪反应强烈　91
5.2　情绪不是你的敌人，而是你的信使　93
5.3　越想摆脱消极情绪，感觉越是糟糕　98
5.4　你的情绪无法定义你，你只是在体验它　101
5.5　情绪ABC理论：警惕不合理的惯性思维　102
5.6　找出你的情绪触发点，用同情替代自责　107
5.7　当恐惧来袭，试着用驾驭的方式应对　111

CHAPTER 06　是什么把你推向了社交焦虑　　117

自救指南：转移注意力，减少对自我的过度关注

6.1　社交焦虑和社恐是一回事吗　117
6.2　高敏感者感到社交焦虑时会怎样　119
6.3　诱发社交焦虑的四个主要因素　123
6.4　别高估了自己对他人的真实影响　128
6.5　克服害羞的第一件事是自我肯定　131
6.6　放弃安全行为，看看会发生什么　136
6.7　过分关注自我，只会加剧焦虑　141

CHAPTER 07　为什么关系中受伤的总是你　　　147

自救指南：适度共情会带来亲密，过度共情会带来创伤

7.1　没有界限的共情是一场灾难　147
7.2　四个迹象表明，你可能是过度共情者　150
7.3　斩断亲职化，把父母的责任还给他们　154
7.4　放弃全能自恋，分离自己与他人的课题　159
7.5　不要把所有的错误都揽在自己身上　162
7.6　与其勉为其难，不如勇敢说"不"　165
7.7　远离那些会榨干你的"情感吸血鬼"　168

CHAPTER 08　如何活出真实舒适的自我　　　173

自救指南：放弃虚假自我，打造一份自我关爱清单

8.1　撕下虚假自我的面具，世界不会坍塌　173
8.2　拥抱你的高敏感，更好地成为你自己　176
8.3　委曲不能求全，说出你内心的挣扎　178
8.4　自我照顾不是自私，无须感到内疚　182
8.5　每天5分钟，让冥想成为你的日常　187

CHAPTER 01 为什么你总是忍不住想太多

自救指南 ｜ 高敏感者天生如此，无关脆弱与矫情

1.1 因为想太多，你被贴过多少标签

和别人微信聊天，总是打了删、删了打，生怕哪句话说得不合适；为了不让文字显得冰冷生硬，还要不时地补上几个表情包，显得自己语气温和、善解人意。

与人当面交谈时，很容易紧张不安，每次开口之前都要在脑海里过一遍，斟酌每一个字眼，生怕说错话让场面陷入僵局，或是让对方感觉不好。

每次参加聚会回来，都觉得身心俱疲。不断回想自己是不是哪些地方做得不够好。不停地琢磨别人对自己说过的一些话，体会其中有何深意。

被父母批评或指责时，总是恼羞成怒，父母却不解地责备道："这才说了你几句，你就受不了了？以后走出家门，谁会哄着你呀？"

跟朋友讨论问题时，听到对方发表的一些刺耳言论，心里很不舒服，认为对方有意影射自己，朋友无奈地甩下一句

话:"为什么你总是曲解我的意思?你想太多了吧?"

听伴侣夸赞一位异性朋友,内心顿时涌起一阵酸楚,说不清楚是在嫉妒别人,还是在贬低自己,脱口而出一句带刺的话,让伴侣皱眉叹气:"我只是客观评价一下人家的处事方式,压根儿没想过拿你去作对比,你也太敏感了吧?没事找事儿!"

被同事指出报表上有一处数据错误,幸好及时改正,没有给公司造成损失。可是,这件事却像一块大石头投入到你的心湖,激起一圈又一圈的涟漪,让你陷入自责之中。同事笑道:"你这也太玻璃心了吧?!"

这样的情景时常发生,因为想太多,你被贴过一连串的标签(图1-1):敏感、脆弱、矫情、玻璃心、社恐、情绪

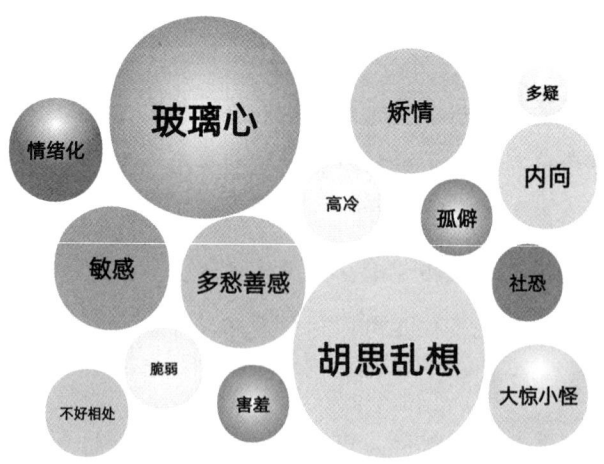

图1-1 高敏感者身上常见的标签

化、胡思乱想……你不喜欢这些略带贬义的词汇，却也知道它们不都是空穴来风，因为你真的很敏感，很容易多想，也很容易受伤。

有时，只是一句无心的话，就会把你推向情绪内耗的深渊，挣扎许久才能缓过来；有时，只是一个不耐烦的神情，你也会反思是不是自己做错了什么；有时，只是一个小小的玩笑，你却感觉内心隐隐作痛，总觉得玩笑里夹杂着讽刺与嘲笑的成分；有时，只是一条信息反馈来得太迟，你也会忐忑不安，生怕别人对此有什么不满。

你不喜欢人多的地方，难以忍受吵闹的环境，更喜欢一个人安静地待着。独处，能让你卸下紧张不安的盔甲，暂时松一口气。你曾期望自己也能在人际相处中从容自如，与他人打成一片，可是真的置身于人群，你却总担心自己的存在会给别人添麻烦，也常常为无法达到身边人的期待而情绪低落。

你时常觉得别人都挺好的，唯有自己一无是处，不敢去争取内心渴望的东西。你会不自觉地讨厌自己，也讨厌脑子里那些敏感至极的神经。你很容易产生罪恶感，喜欢责备自己，也像别人一样给自己贴上"没用""都是我的错"的负面标签。

你的情绪很容易产生波动，在多数人看来，天气变化本是常态，而你却可能会因为雨雪天的到来沉闷不已。你见不得、听不得悲伤的故事，哪怕是与你毫无关联的负面社会新闻，也无法阻挡你对当事人产生强烈的共情，并萌生感同身受的痛苦。

你不知道脑子里那些乱七八糟的想法都是怎么来的；它们就像影子一样，无声无息，却难以摆脱。你不知道自己为什么会如此敏感；可思绪就是不受控制，一句话就会把你拉到各种各样的揣测与思虑中。

这些年来，你就像捧着一颗易碎的心，如履薄冰地活着。为了不让别人觉得自己胡思乱想、反应过度，你努力地压抑自己的情绪，可即便如此，还是无法摆脱被人说敏感的处境。更让你难过的是，当你鼓足勇气把这些感受说给家人或朋友听时，他们给出的回应多半还是那一句："你就是想得太多了！"

"想太多"——本不是你的初衷，却成了你的本能。看到他人的豁达自如，回想自己的紧张尴尬；望着他人的摇头不解，吞下无法言说的委屈。你可能不止一次地陷入到自我否定之中，把一切矛头指向自己：难道真是我的问题？

1.2　全世界有1/5的人与你感同身受

如果之前描述的日常情景，让你产生了强烈的代入感，那么请你先放下对自我的否定与责备，再看看下面的这些情形。它们是否会又一次让你产生共鸣？

- 面对大量的信息和变化，你很容易感到紧张不安。
- 当你在短时间内有很多事情要做时，你会变得焦躁。
- 你不喜欢人多的场合与群体，更喜欢人少的小群体。
- 你缺少安全感，经常怀疑自己是否优秀，能否让别人喜欢自己。
- 你试图避免一切失误，倘若不小心伤害了他人，会产生强烈的愧疚感。
- 与人争辩时不知道该说什么，往往事后才反应过来应该如何回应。
- 在别人看来的小事，却可能对你造成强烈的打击。
- 强光、强烈的气味、粗糙的织物和警报器的响声，都会让你感到不适。
- 你无法直视电影或电视剧中的暴力画面。
- 在忙碌的日子，你需要躺在床上或躲在灯光昏暗的房间，在独处中寻找解脱。
- 你很享受极致的菜肴、香薰、声音或艺术品。
- 当生活可以预测并且按部就班时，你会感到比较平静。
- 你喜欢竭尽全力完成任务，极其厌恶犯错。

如果以上种种感受都让你产生了共鸣，那么你很有可能是"高敏感人群"中的一员。当然，这里提供的测试只是反映了一种倾向，如果你想确定自己是否属于高敏感人群，不妨进行专业的HSP自测。

> **划重点**
>
> "高敏感人群"的概念,由美国心理咨询师兼研究员伊莱恩·阿伦在《天生敏感》(*The Highly Sensitive Person*)一书中首次提出。她认为,高敏感人群具有更高的情绪敏感性,对内外部刺激的反应也更强烈。他们对声音、气味等异常敏感,常常被评价为"害羞、内向",甚至被指责为"想太多、神经质"。

阿伦说:"敏感人群常常被误认为只是少数群体,不同文化影响着人们对敏感个性的看法。在轻视敏感个性的文化中,高敏感人群往往更容易低自尊。他们被要求'别想太多',这让他们觉得自己是不够强大的异类。"所以,当她第一次出版《天生敏感》一书时,几乎所有的知名出版商都提醒她,"高敏感"是一个很小众的东西,几乎没有人会关注。

事实证明,这些出版商低估了"高敏感"在现实中存在的概率。阿伦的书出版后,立刻就成了当时《旧金山纪事报》榜单上的畅销书,且直到今天依旧畅销。根据阿伦的调查,世界上有20%的人都拥有高敏感的特质,且男性和女性同样常见,只是其中有些人自己并不知道。

英国《卫报》曾经开展了一项活动,向读者征集"高敏感体验",结果收到了300多封来信,有些信件甚至写了4万字。有人因为一段广告直击内心而放声大哭,而这段广告在他人眼中没什么煽情之处;有人为了"屏蔽外界"每天戴着耳机,尽量避免使用社交媒体,因为不想接触那些负面的消息,以免毁掉自己一天或一周的心情。

相关数据显示,对独处和安静有高需求的内向人群在世界人口中所占的比例高达1/3,而内向者中又有70%是高敏感者,两者之间有不可忽略的共性。从这个角度来说,高敏感人群是内向型人格的一种变体,只是在"高敏感"这个词诞生之前,人们选择用内向去概括和形容这些人。实际上,并非所有内向者都是高敏感的,有些人表面看起来很随性、大大咧咧,但也可能拥有高敏感的特质。

在过去很长一段时间里,你可能一直被他人(乃至自己)误解着,认为"想太多"意味着"小心眼儿","敏感"意味着"神经质","情绪反应强烈"意味着"玻璃心"。你可能一直羡慕着别人的肆无忌惮、率性而为,厌恶着自己的小心翼翼、患得患失,为自己的敏感感到羞耻,在不被理解的委屈中忍受孤独。

现在我想告诉你,你不是一个人在承受过度敏感带来的困扰,这个世界上每5个人中就有1个和你一样,每天生活在另外4个人都很"钝感"的环境中,过得相当疲惫。所以,你正在经历的种种,你说出或未说出的故事,他们都与你感同身受。

对每一位高敏感者来说，知晓这一点至关重要。当你意识到自己不是"特例"，当你知道自己也有所属的群体，即使无法减少现实中的无助与困惑，起码可以卸下沉重的心理包袱，知道自己不是孤零零地一个人在应对挑战。

看到这些话时，高敏感的你或许会想到那首歌："你知道我的梦，你知道我的痛，你知道我们感受都相同，就算有再大的风，也挡不住勇敢的冲动；努力地往前飞，再累也无所谓，黑夜过后的光芒有多美，分享你我的力量，就能把对方的路照亮。"

1.3 多疑、脆弱，都是对高敏感的偏见

提到敏感，多数人总是不自觉地将其与多疑、脆弱、矫情等联系起来，故而在看到"高敏感"时，就有了先入为主的看法。在此，我们有必要澄清一个观点：在同样的情形和刺激下，每个人神经系统的受刺激程度存在差异，具有高敏感特征的人群，能够感受到被他人忽略掉的微妙事物，自然而然地处于一种被激发的状态，这是一种生理特征！

划重点

敏感是人的一种正常的人格特征维度，它并不是两个简单的极值——敏感或不敏感，而更像是一

个变化的区间。所谓高敏感,其实就是一种敏感程度较高的体现。

根据伊莱恩·阿伦博士的研究,任何国家都有15%~20%的人生来就感情细腻,对外界的刺激会反应过度。与其说这种特质是在成长过程中形成的,不如说它是先天的生理结构决定的。哈佛大学发展心理学家杰罗姆·卡根是最早研究敏感程度与大脑差异的专家之一,他在研究中发现,有些婴儿对强烈的气味和噪声等刺激反应强烈,对陌生人的闯入也显得更加紧张不安。这些婴儿的反应有生物化学基础,他们的大脑分泌出更高水平的去甲肾上腺素和应激激素(如皮质醇)。他们更容易发现威胁,这种特质在某种程度上是一种进化优势,但也让他们在面对良性压力源时比常人产生更快速、更强烈的反应。❶

为什么高敏感者很容易反应过度呢?他们在生理机制上与普通人有何差异?

我们每天要从外部环境接收到数百万的信息,既有感官层面和认知层面的,也有情感维度方面的。在我们意识到这些信息之前,大脑为了保护认知资源被过度消耗,会自动对

---

❶ 参考文献:《你的敏感,就是你的天赋》,[英]伊米·洛,天津科学技术出版社·读客文化,2022年9月。

这些信息进行过滤，以免铺天盖地的信息像海啸一样将我们吞没。

然而，每一个个体都是独特的，如果把大脑中的过滤器比作筛子的话，有些人的筛网比较精细，过滤能力很强，可以把很多信息挡在外面，免受干扰和影响，大部分人都处于这种状态；但也有些人的筛网比较稀疏，多数人难以觉察的那些信息都会涌入他们的大脑（图1-2）。他们对其进行加工处理，从而表现出与常人不太一样的过度反应，这就是高敏感人群。

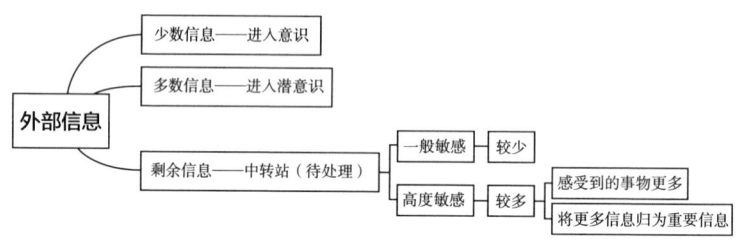

图1-2 外部信息的逐级加工

这种处理和加工信息的模式，对于高敏感人群来说意味着什么呢？

答案不难猜测，高敏感者的信息中转站很容易囤积大量的信息，而一旦中转站满了，就没办法再存放重要的信息了。许多高敏感者在中转站发出"已满"的信号后，任何其他的刺激（如重复性的噪声、吵闹的音乐等）都让他们感觉难以忍受，恨不得赶紧逃离现场；与此同时，他们也会感到疲惫不堪，没有精力再去处理重要的事宜。

很多人认为高敏感是一种弱点或缺陷，且认为有高敏感特质的男性优柔寡断、懦弱不堪、缺少男子气概。实际上，这都是对高敏感人群的误解和偏见。高敏感是大脑的运转程序决定的，是一种与生俱来的人格特质。既然是人格特质，就不存在绝对的好坏之分，因为人类在各个特质表现上的多样性受到进化选择的影响，每一种特质在不同的情境下都有其适应性。

曾经读到过一段话："敏感的人是透过滤镜看世界的，在这个滤镜的作用下，他们看到的世界有着更高的对比度与饱和度。因此，他们一直是用一种更生动、更激烈的方式感受着这个世界。"对所有的高敏感者来说，这种激烈的方式不是他们主动选择的，恰恰相反，他们是被选择的一方。世间万物都有两面性的，而他们注定会看到更多的丑陋，体验到更多的痛苦，但他们同样也会看到更多的美好，感受到更深刻的喜悦。

1.4 高敏感人群不同于常人的四个特质

高敏感是一种比较稳定和持久的人格特征，学术界也将其称为"感觉加工过敏"。伊莱恩·阿伦及其同事针对高敏

感人群的一般共性，总结了一个"DOES"公式（图1-3）：❶

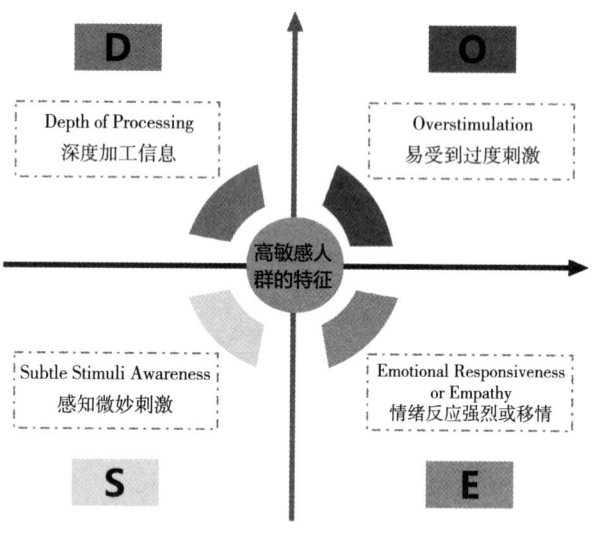

图1-3 "DOES"公式

划重点

D——Depth of Processing，深度加工信息

科学家对高敏感人群的脑部进行扫描，结果显示：高敏感者的神经活动与非高敏感者存在差异。高敏感人群的脑岛（控制感受和意识的区域）比非高敏感人群更活跃。高敏感者在接收周围信息的同时，也对这些信息进行了深度的处

---

❶ 参考文献：《玻璃心也没什么不好：高敏感人群的不受伤练习》，[美]艾莉森·莱夫科维茨，浙江大学出版社·蓝狮子，2022年3月。

理。虽然这样做有一定的价值和意义，但也很容易让人疲倦，使他们在作决策或总结时显得优柔寡断。

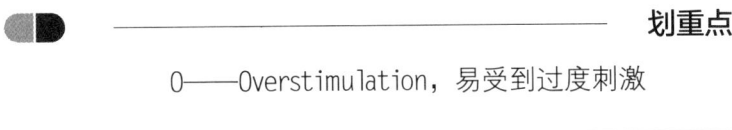

O——Overstimulation，易受到过度刺激

高敏感人群不仅大脑的活跃度强，活跃的频次也比较高，致使处理感觉整合与意识的大脑区域很容易被激活。这就意味着高敏感人群受五种感官刺激的影响会比普通人更明显，也更容易受到过度刺激。现实生活中，过度刺激主要来自三个方面：

- 社交刺激：人数众多、喧闹嘈杂的场合。
- 环境刺激：灯光、噪声、湿度、气压、强烈的气味、令人发痒的纺织品等。
- 情绪刺激：与他人发生争吵，或是待在氛围紧张的环境中。

对高敏感人群来说，如果缺少有效的策略来应对过度刺激，在长期的压力之下，很容易产生焦虑或逃避行为。反之，如果能够恰到好处地应对，则可以充分享受生活的美妙。

E——Emotional Responsiveness or Empathy，情绪反应强烈或移情

无论是积极还是消极的情绪体验，高敏感者都会比常人产生更强烈的反应。他们可能会因为听到一首歌、看到一处电影情节喜极而泣，也可能会因为目睹一个暴力画面、听闻一个负面新闻而悲愤万分。

科学研究发现，高敏感人群处理情绪和同理心的大脑区域活跃度更高，这一生理特质决定了他们很容易觉察到周围人的情绪，也很容易被他人的情绪影响。在处理人生的重大事件，或克服生活中的某些困境时，高敏感者也需要比其他人花费更长的时间。

划重点

S——Subtle Stimuli Awareness，感知微妙刺激

高敏感人群的感官十分灵敏，那些别人不太在意的细枝末节，如肢体语言、面部表情以及环境中的细微变化，他们都可以敏锐地觉察到。这种感知力和感觉器官本身没有太大的关系，它源自大脑处理感觉信息的方式，即高敏感者深度地处理了他们感知到的大量信息。

1.5 同样的高敏感，不同的敏感风格

虽然高敏感人群在特征方面存在一定的共性，但个体终

究是独立的,彼此之间存在不小的差异。所以,同样拥有高敏感特质的人,在日常生活中也会展现出不同的风格。美国高敏感治疗师、婚姻家庭关系心理治疗师艾莉森·莱夫科维茨,将高敏感人群分成了5种类型(图1-4)。了解自己属于哪一个类型,有助于更好地与高敏感神经系统合作。

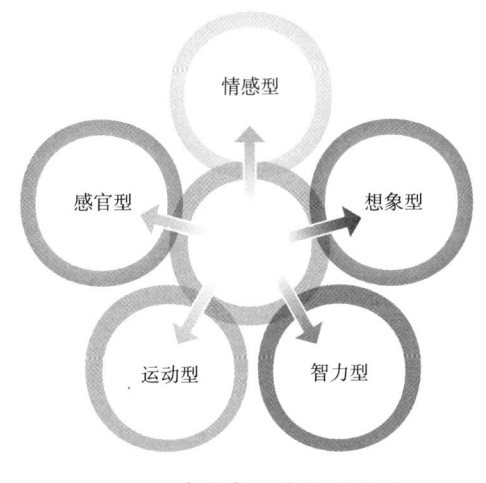

图1-4 高敏感人群的5种类型

划重点

情感型——能深刻体会到自己的情绪感受,也能高度地共情他人

情感型的高敏感者拥有高度的共情能力,不仅能够深刻体会到自己的情绪与感觉,还可以感受到其他人乃至其他生

物的情绪和感觉。所以，他们经常会受到情绪的影响，特别是当身边人紧张焦虑时，他们也会感受到这些原本不属于自己的情绪。

情感型的高敏感者很容易被情绪淹没，所以有必要设定界限来保护自己，特别是要远离"情感吸血鬼"，避免透支太多的情绪能量。所谓"情感吸血鬼"，就是在跟这样的人交流之后，会感觉精神虚脱、情感严重透支。他们总是一味地倾诉自己的情感和遭遇，描述事情时夹杂强烈的主观负面情绪，丝毫不顾虑听者的感受和情绪。

划重点

想象型——喜欢活在幻想中，难以忍受无聊的现实生活

想象型的高敏感者总是喜欢活在幻想中，强烈的情感经常会变成生动的梦境，他们可能会在笔记本上写满潦草的字符或涂鸦，以调和理想与现实之间的落差。这一类型的高敏感者最有可能从事诗人、作家、电影制片人等文艺类的职业。

想象中的美好固然令人留恋，但这类型的高敏感者也要注意，不要在想象中投入太多的时间，起码要确保想象不影响正常生活。小说和影视剧再好看，也别过度沉溺其中，忽略了现实中的四季更迭、雪雨风霜。

> **划重点**
> 智力型——善于思考，渴望寻求真理

智力型的高敏感者拥有强大的记忆力，很喜欢深入思考问题，也擅长解决问题。他们喜欢追问"为什么"，直至得到满意的答案。

生活在互联网时代，智力型的高敏感者很可能会因为获取信息的时间太长、量太大，对自己造成过度刺激。所以，限制获取信息的时长和数量很重要。

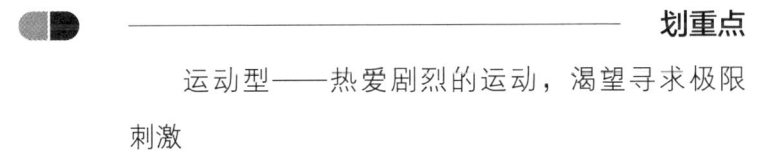

> **划重点**
> 运动型——热爱剧烈的运动，渴望寻求极限刺激

运动型高敏感者天生能量过剩，相比静坐不动，他们更热衷于跑步、爬山，做一些剧烈的运动，或是寻求极限刺激。这种动力与活力不仅体现在身体方面，他们在说话时也会不由自主地加快速度，比较情绪化。在感到紧张的时候，他们可能会用疯狂工作来排解，或是用自我安慰的行为来缓解，如咬指甲。

对运动型高敏感者来说，平时要多注意身体的感觉，以及这些感觉传递出来的信息，避免过度刺激。在进行激烈的体育活动时，要考虑身体能够承受的极限，学会适当休息。

划重点

感官型——喜欢一切充满感官刺激的事物

感官型的高敏感者热爱音乐、艺术、美食，热衷于一切充满感官刺激的东西。在他们的耳朵里，音乐会变得更深情，食物会变得更美味，看一场电影可以是一种沉浸式的、直抵灵魂的精神体验。这类型的高敏感人群，在童年时期可能存在挑食或厌食的问题，成年后的他们也更容易沉迷食物和亲密关系等。

对感官型的高敏感者来说，食物、气味、噪声、灯光等都可能成为过度刺激的诱因，他们需要设定一个"暂停时间"让感官得到休息，让情绪得以舒缓。与此同时，他们还需要特别警惕成瘾的问题，用恰当的方式安抚感官与神经系统。

现实生活中的高敏感者，不总是单一的某种类型，也可能是混合型的。伊莱恩·阿伦表示，不管是哪一种类型，大约有30%的高敏感者会寻求高感官刺激。他们喜欢新奇的体验，这样的活动可以给他们带来乐趣和直击心灵的感触。

CHAPTER 02 **太敏感是一种幸运还是诅咒**

> **自救指南** 高敏感可以化为礼物，在你正确理解它以后

2.1 高敏感是不是一种负面的特质

在别人眼中，佳子一向活得很自我，她最喜欢的事情是找个安静的地方发呆，或是胡思乱想。外面的繁华与衰败，似乎与她毫无关系。她既不向往锦衣玉食，也不渴望事业成就，只要能够依靠自己的能力维持简单的生活，她就觉得很满足。

佳子认为，她是一个纯粹的悲观主义者。一个人的时候，她经常会黯然神伤，有时只是面对深秋的落叶，她也会萌生出悲伤的情绪。她害怕奢华、热闹的场面，担心自己会迷失，变得无所适从；她害怕被人误解，担心自己的情感世界支离破碎，恐惧生命中有无法弥补的缺憾和不足。与此同时，她又是那么渴望被人理解和认同，可这似乎又太难了。

佳子的身上似乎有着"林黛玉"的影子，而林黛玉本身也是一个高敏感的人。花开花落、秋叶凋零都是四季变化中的自然现象，可是黛玉却在《葬花吟》里写道："一年

三百六十日，风刀霜剑严相逼。"佳子也会为秋叶的凋零而感伤，这完全符合高敏感者情绪反应强烈或移情的特质，她们把同理心给予了落花与落叶，感同身受于残红无人理的境遇。

高敏感的天性会让林黛玉和佳子这样的人，在琐碎的生活中频繁体验到情绪波动，也会受到不少伤害。正因如此，许多高敏感者将这种过度反应的特质视为一种诅咒，认为它给自己带来的多是麻烦。他们为自己的"敏感"痛苦不堪，努力尝试迎合他人、改变自己，可这种强迫的方式很快又让他们陷入疲惫与难以言说的无力感中。

高敏感到底是不是一种负面的特质呢？让我们听听心理学家们是怎么说的吧！

瑞士心理学家、精神分析大师荣格说："高度敏感可以极大地丰富我们的人格特点，只有在糟糕或者异常的情况出现时，它的优势才会转变成明显的劣势，因为那些不合时宜的影响因素让我们无法进行冷静的思考。"

丹麦心理学家伊尔斯·桑德是一个高敏感者，她结合心理学与自身的经历撰写了《高敏感是种天赋》一书，为全世界的高敏感者了解自己、挖掘自身与众不同的潜能打开了一扇窗。她说："高敏感特质的确给人带来了痛苦，但高敏感同时也是一种与生俱来的天赋。如果高敏感人群懂得利用这种特质，他们可以成就不一样的人生，体验到更多的快乐。"

> **划重点**
>
> 高敏感人群容易对人、对事产生过度反应，但凡事都有两面性，他们天生也有着非凡的创造力、想象力、洞察力、激情和爱心，且有较强的独处能力。当他们对高敏感本身建立了正确的认知，这种特质就会化为一份特别的礼物。

如果你是一名高敏感者，请不要因为自身的人格特质而一味地自我否定。对你真正有益的做法是，客观地、正确地认识高敏感，通过正确的自我关怀，在适当的情境中将高敏感这一优势发挥出来，更好地和高敏感特质共处，而不是一味地陷在高敏感带来的痛苦中舔舐伤口、哀怨沉沦。

2.2 天才与疯子，只有一步之遥

提到天才，你可能会想到梵高；提到疯子，你可能还会想到梵高。

文森特·梵高是璀璨群星中无比闪耀的一颗，犹如他的画作《星月夜》，神秘、炫目、令人着迷。梵高一生痴迷于绘画，在短短37年的生命里创作了无数经典的作品。他笔下的画作绚丽夺目、色彩斑斓、充满激情，可他的人生却暗淡无光，他总是在穷困潦倒中度日，屡屡出入精神病院。

梵高一生中最大的幸事，就是拥有一个深爱他的弟弟。弟弟一直给予梵高无条件的支持，也是他的关爱激发了梵高的内在潜能，让他可以无所顾忌地投入狂热的绘画创作中。同时，也是因为弟弟的存在，梵高压抑在癫狂之下的惊人才华，才有机会被世人所知晓和领略。

人们不禁要问，到底是什么让梵高成了"天才与疯子"的合体？为什么与他出自同一家庭，在同样环境里长大的弟弟，性格、命运与梵高截然不同呢？

划重点

美国儿科医生W.托马斯·博伊斯认为：几乎所有人的品性、生理特征和心理疾病，都是凭借基因这个内部因素和成长环境这个外部因素之间错综复杂的交互作用才得以生根发芽。简言之，是基因与环境之间的交互作用，使得儿童的成长发育差别迥异。[1]

博伊斯的家庭经历与梵高有重叠之处，只不过悲剧的主角不是博伊斯，而是他的妹妹。他们成长在同一个家庭环境下，获得了父母几乎同等的对待，也都考上了常春藤的名校。可是，兄妹两人的结局却大相径庭：博伊斯成了令人敬

---

[1] 参考文献：《兰花与蒲公英》，[美]W.托马斯·博伊斯，浙江文艺出版社，2021年4月。

仰的教授，拥有40年稳定幸福的婚姻；妹妹却度过了一段痛苦的人生，未婚生子，在50岁那年死于药物过量。

身为儿科医生的博伊斯，一直致力于儿童成长方面的研究，而妹妹的悲剧进一步促使他去探究：为什么同一个家庭长大的孩子会有不同的性格、气质和命运？后来，他提出了"兰花与蒲公英"理论，用两种不同的花比喻不同儿童在基因与环境交互作用之下的特质。

在自然界中，兰花美丽且稀少，因为它对外界环境的要求很严苛，需要人为地对温度、湿度、风速和肥料进行控制和调整，稍有疏忽就会枯萎，培育过程十分不易。相比之下，蒲公英遍布世界各地，无论土壤贫瘠与否，气候是否恶劣，它们都可以蓬勃生长。哪怕是在荒野之中，它们也能够很好地适应环境。

划重点

生性敏感的儿童如同"兰花"，对成长环境有苛刻的要求。如果得到了适宜的、足够的照料，他们可以发挥出独特的天赋与潜能；如果被忽视，其成长过程会比普通人面临更多的困难。敏感度较低的孩子更像是田野里"蒲公英"，风吹到哪里，他们就在哪里生根。他们适应环境的能力很强，虽然平凡，却拥有顽强的生命力。

兰花型的孩子，天生就带有易感的倾向，早期的不良环境因素更会加重他们的敏感和脆弱，梵高就是一个典型的例子。

在梵高出生的前一年，他的母亲产下了一个男婴，取名为文森特·梵高。可惜，这个孩子出生后不久便夭折了，母亲很伤心。巧合的是，在第二年的忌日，她又生了一个男婴，为了纪念失去的那个孩子，母亲给他取了和哥哥一样的名字——梵高。

童年的梵高，经常跟随母亲到墓地去纪念那个叫"梵高"的男孩。母亲在墓地跟前的悲痛与思念，让年幼的梵高产生了一连串的怀疑：我是谁？我是妈妈最爱的孩子吗？被忽视的梵高，在家里活得小心翼翼。到了适学的年纪，他就被送去了寄宿学校。后来，梵高去亲戚家的公司工作，结果被开除，饱受冷眼和偏见。

许多年来，梵高一直都在讨父母的欢心，却从未得到过父母发自内心的爱与关注。这让梵高逐渐形成了自卑、冷漠和孤独的个性，加之他生活在一个牧师家庭，高道德感的要求让他的期望值与低落的自尊心形成巨大的反差，使得他的内心充满了矛盾。这一系列内外因素的交互影响，最终为梵高的人生涂上了悲剧的底色。

在同一个家庭中，兰花型儿童更容易受到父母养育方式的影响，蒲公英型儿童则不太受这方面的影响，即使父母养育技巧不足，他们也能安然地度过童年。这是梵高与弟弟之间最大的差别，也是博伊斯与妹妹命运迥异的决定性因素。

不少人认为，高敏感的人都长着一颗玻璃心，十分脆弱。博伊斯却认为，兰花型儿童的显著特点并不是脆弱，而是敏感。他说："兰花的挣扎与脆弱之下，蕴含的是惊人的力量与救赎之美。"如果兰花型儿童没能得到足够的理解与支持，可能会形成惊人的破坏力量，给家庭、学校和社会造成巨大的伤害；如果精心照拂，给予适当的支持，这种敏感也能让他们的人生开出别样的花朵。

在博伊斯的研究对象中，许多兰花型的儿童长大后都很优秀，他们聪明慷慨，在不同领域做出了成就，并且成为出色的父母。这也是"兰花与蒲公英"的研究最带给人希望之处，它让我们真切地看到了，高敏感本身不是一件坏事，它只是在成长过程中要应对较高的"风险"，但若能恰当处理，也会带来较高的"潜在回报"。

2.3 共情：直抵人心的"万能钥匙"

所有的群居动物都需要共情，无论哪一种社会关系，都需要在共情中拉近距离。如果没有共情，就无法相互理解，更无法相互寻求支持、帮助、温存与爱。如此，即便是面对同类和至亲，也会漠不关心。

科学家们曾用猴子进行过一项研究：在切断猴子大脑中杏仁核与新皮质之间的联系之后，将它们放回原来的栖息地。在缺少了可以支持共情的神经回路后，这些猴子无法对其他动物的友善或敌意作出合理的推断。

在目睹某些情景时，正常的猴子通常会在脑海中产生一些想法，如"这只大猩猩看起来有点可怕，但它的眼神是温和的，并没有向我龇牙，不必太担心""那只母猴一直围着我转，它应该是对我产生了兴趣"。然而，进行了脑部手术之后的猴子，不会有这些"复杂"的想法，它们彻底退出了之前与家族成员、伙伴的关系，孤僻地生活，不受善良、忠诚、关爱等由新皮质产生的情绪影响，只被杏仁核产生的愤怒与恐惧情绪所主宰。

我们在生活中都有过这样的感触：缺少共情力的人，总是喜欢以教导者自居，不管别人遭遇什么样的难题，处于什么样的情绪状态中，他们都只会滔滔不绝地讲道理。面对这样的人，自己原本还想说点什么，结果所有的倾吐欲和表达欲都被堵在了喉咙里。如果这个缺少共情力的人和自己的关系比较亲近，这种做法就更让人感到生气和难过，甚至会让彼此之间产生隔阂，变得疏远。毕竟，人与人相处不是各唱一出独角戏，而是彼此进行言语和心灵上的互动。我们所感受的世界，都是经过自身系统过滤后的景象，只是真实世界的一部分。这就意味着，由于看待事物的角度不同，我们与他人之间必然会存在意见分歧。当双方意见不一致时，争论对错除了会伤害感情再无其他意义。

共情是实现互动不可缺少的心理机制，倾听、理解远比给建议更重要。拥有深度共情能力的高敏感者，在这方面有着得天独厚的优势；他们可以快速感受到他人的情绪，并体验他人的内心世界，成为很好的倾听者。当一段关系出现问题时，他们也会自然地感受到，从而营造舒适和谐的氛围，谨慎地处理矛盾，兼顾多方利益，成为出色的调停者。

> **划重点**
>
> 高敏感者的深度共情能力，得益于经验、环境和习惯等非遗传因素的影响，同时也与他们较为活跃的镜像神经元系统有关。

科学家在人类大脑中发现了"镜像神经元"，这些细胞在我们与他人之间建立起一种神经物理联结，当我们观察别人做某件事情时，大脑中处理类似事情的区域就会被激活。同样，看到另一个人的情绪表现，我们的身体和思想也会自动对其产生一种共鸣。科学家将这样的现象称为"神经共振"或"脑对脑耦合"。

镜像神经元的作用十分强大，它可以绕过认知推理，使人与人之间直接产生神经联结。神经心理学的研究结果证实，个体的共情程度存在差异，高敏感者的镜像神经元系统比普通人更活跃，这也决定了他们拥有更强的共情能力。

《天才在左，疯子在右》里有这样一段话："想看到真正的世界，就要用天的眼睛去看天，用云的眼睛去看云，用风的眼睛去看风，用花草树木的眼睛去看花草树木，用石头的眼睛去看石头，用大海的眼睛去看大海，用动物的眼睛去看动物，用人的眼睛去看人。"

共情不是同情，也不是怜悯，更不是说教和比惨，而是不管自己是否经历过，都会从当事人的角度去想象他的遭遇、他的感受，不会贸然地提供建议、给予帮助，而是在了解对方的需求之后，尽力给予对方需要的支持。令人欣慰的是，高敏感者无须刻意学习和努力，天生就拥有这样的能力——你的感觉我能懂。如果将这份天性发挥得当，会给人生的诸多方面带来积极的效用，因为人生中任何一种关系，无论是亲子、夫妻、朋友，还是同事、合伙人，都需要在共情中拉近距离，这是一把直抵人心的"万能钥匙"。

2.4　绝境中的美好，只属于细腻的触角

在这个强调钝感力的时代，人们看到的更多是高敏感者在社会上的诸多不适与烦恼，忽略了他们在积极的体验方面也比常人拥有更强烈的感受。

划重点

伊莱恩·阿伦利用功能性磁共振成像技术，检测了高敏感的成年个体对感觉输入的大脑神经反应，结果发现：无论是消极因素还是积极因素，高敏感者的大脑都比其他人更容易激活。

多年前，在《意林》杂志上读过一篇文章，当时只觉得感动，而今回想起来，却有了更深层的感触。故事里没有对主人公的身世背景予以介绍，可她的所言、所思、所行，却清晰地诠释出了一个高敏感者眼中的世界，只是这一次切换了视角，从消极转向了积极，从悲伤转向了美好。

她一生中见过的绝大多数花是在病房里，与之相伴的是花开花败，还有人生人死。因为，她是医生，医院的病房是她每天的必到之处。

记得有一次，在与死神拼杀失败后，她无意间看到，患者床头柜上的花竟然大朵大朵地绽放，娇艳美丽，浑然不知死亡的存在，黑色的花蕊像一只只冰冷嘲弄的眼睛。花朵的盛开，生命的陨落，形成了鲜明的对比，充满了讽刺与悲凉。从那以后，她不再喜欢花。

旁人并不知道她所经历的、见到的，更不知道她对花的态度。有个患者，第一次见到她便送给她一盆花，她心里并不喜欢，却没有拒绝。也许是这个患者孩子一般的稚气笑容感染了她，也许是因为所有人都知道，除非有奇迹发生，否则这里将是他一生最后停留的地方。

某天，这个患者没有遵医嘱，与儿科的小患者们玩篮球，大汗淋漓。她责备他，他却吐吐舌头，不好意思地笑了一下。傍晚，她的桌上多了一盆花，三瓣紫、黄、红的花瓣斑斓交错，很像展翅的蝴蝶。花盆旁边有一张纸条："医生，你知道你发脾气的时候像什么吗？"她忍俊不禁。第二天，她桌上又出现了一盆花，是小小园囿的一朵朵红花，每一朵都是仰面的一个"笑"："医生，你知道你笑的样子像什么吗？"之后，他告诉她，昨天那种花，叫三色堇；今天的花，叫太阳花。

阳光把竹叶照得透绿的日子里，他带她到附近的小花店走走，她这才惊奇地知道，世上居然有这么多种花。玫瑰深红，康乃馨粉黄，郁金香艳异，马蹄莲幼弱婉约，栀子花香得销魂，而七里香更是摄人心魄。她也惊讶他谈起花时绽放光芒的眼睛，那眼神里没有病痛，没有恐惧。

他问："你喜欢花吗？"

她说："花是无情的，不懂得人的爱。"

他微笑着说："花的情，懂得的人才会明白。"

一个烈日炎炎的正午，她远远看见他在住院部后面的花园呆站着。她走近喊了他一声，他连忙回身，食指掩唇："嘘——"那是一株矮矮的灌木，缀满了红色灯笼般的小花，每一朵花囊都在爆裂，无数花籽像小小的空袭炸弹向四周飞溅，像是一场密集的流星雨。她没再说话，在寂静的时光里，他们共同见证了生命最辉煌的历程。

他蹲下身，捡了几粒花籽装进口袋。第二天，他送给她一个花盆，里面盛着黑土："这花叫死不了，很容易养，过几个月就会开花——那时，我已经不在。"

她心里突然涌起一股悲伤，还有一股倔强，她想证明命运并非不可逆转的洪流。

四天之后的深夜，她值班。铃声响起，她一跃而起，冲向他的病房。他始终保持着清醒，对周围的每个人，父母、兄弟、亲友，以及所有参加抢救的医护人员说："谢谢你们。"他脸上的笑容，像是刚刚展翅便遭遇风雨的花朵，渐渐凝成化石。她知道，已经没有希望了。

他离开后，她每天给那一盆光秃秃的土浇水，之后她参加医疗小分队去了贫困地区。她打电话回来问及那个花盆，同事说："看什么都没有，以为是废弃的，扔到窗外了。"她怔住了，有些失落，却什么也没说。

回来已是几个月后，她打开自己桌前久闭的窗，顿时震住了——花盆里有两株瘦弱的嫩苗，像是病中的孩子，一阵风就能把它吹倒似的。而最高处，却是娇羞的花苞，透出一点红，像是跳跃的火苗。

这一次，她真的懂得了花的情意。易朽的是生命，好比那转瞬即谢的花朵；但永远存活的，是对未来的渴望，是那生生不息的激情。生命再短暂，也压不垮一颗不屈不挠、热爱生命的心灵。无论一生长短，只要充满激情地活着，生命之花便永远傲然盛开。❶

生命不可重来，任何人都无法预知生命的长度，但正因如此，它才显得如此可贵。艾青先生在《我爱这土地》一诗中写道："为什么我的眼里常含泪水？因为我对这土地爱得深沉。"现在，我们亦可换一种诠释方式——为什么我的眼里常含泪水？因为我长着一对灵敏的触角，怀揣着对生命深沉且热烈的爱，为目光所及的每一处细碎美好而感动。

高敏感者自带灵敏的感官、细腻丰富的情绪与信息深加工的本能，这让他们对艺术有天然的领悟力，对大自然和美好的事物有极强的感知力。黄昏时的一轮落日、碧蓝天空中的一片浮云、微风吹拂下的一棵树，都会让他们停下脚步观望；阳光晒过的被子，雨后清新的泥土气息，都可以带来独特的感官体验。这种极强的感受力带给他们的积极情绪和愉悦感，会更直接、更强烈。

---

❶ 参考文献：《死亡唇边的微笑》，叶倾城，《意林》2006年第22期。

2.5 深度思考力是一种稀缺的能力

公司的微信群里，某同事不经意地说了一句："小K，你怎么总是慢半拍？"

某同事平时很喜欢调侃，为人也比较幽默，对于他说的这种话，多数同事都不会太在意，偶尔还会回怼他一句。可是，小K听到这句话之后，却涌现出了一连串的想法：

"为什么他说我'慢半拍'？"

"他指的是什么？我之前有什么事情拖他后腿了吗？"

"我该怎么回应？要是什么都不说，会不会让人觉得我生气了？可要是回应错了，也可能会让其他同事觉得我小题大做吧？"

"真的好烦，职场的人际关系太复杂了！"

面对看起来微不足道的小事，高敏感者却要努力地调整自己，才能在表面上做到"不动声色"。这怪不得他们。科学研究发现，高敏感者的大脑中处理自我意识和社会关系的区域比较活跃，一旦涉及"我与他人的关系"，就会进入高度唤醒状态。他们会下意识地检查自己的一言一行：有没有问题？是不是合适？会不会出错？简而言之，他们很容易"想太多"。

"想太多"带来的压力可想而知，但从另一个角度来看，这种特殊的神经系统也折射出了高敏感者敏锐的洞察力与深度思考力。

> **划重点**
>
> 洞察力，是指一个人多方面观察事物，通过表面现象精确判断出背后本质的能力。

电影《教父》里说："花半秒钟就看透事物本质的人，和花一辈子都看不清事物本质的人，注定有截然不同的人生。"高敏感者的洞察力是与生俱来的，他们总能觉他人所不能觉，见他人所不能见。充分发挥这一优势的人，往往可以成为所在领域内的高手。

被誉为"作家中的作家"的博尔赫斯，之所以能够写出"人死了，就像水消失于水中"的精妙绝句，正是因为他洞察了个体的微不足道，以及死亡发生时的悄无声息。

洞察力不是某一项单一的能力，而是观察力、分析判断能力与想象力的合集（图2-1）。

> **划重点**
>
> 深度思考，就是不断逼近问题的本质，即探究事物的根本属性、找出问题的根本原因、思考现象背后的底层逻辑。

在信息爆炸的时代，碎片化阅读和信息获取的方式已成为主流。追求效率与速度的现代人，可以用5分钟的时间看

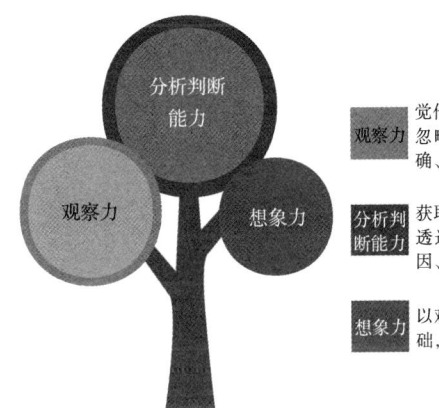

观察力：觉他人所未觉，见他人所未见，在别人忽略的细微之处发现信息，为获得准确、全面的信息提供保障。

分析判断能力：获取信息之后，甄别筛选、判断真假，透过表面信息挖掘潜在信息，追溯原因、原理，得出本质性结论。

想象力：以观察到的信息和分析后的新信息为基础，进行逻辑推演。

图2-1 洞察力的3个部分

完一部电影、一本书，认识一个科学原理。看的时候兴致勃勃，以为自己真的懂了，却没有意识到碎片化内容带来的是一种虚假的获得感，更没有意识到在日复一日的刷屏中丧失了深度思考的能力。

人与动物最大的区别在于，人是有思想的。人类不仅受到生物本能的驱动，还会利用大脑进行创造性的思考。在不利于深度思考的碎片化信息时代，高敏感者却有着得天独厚的优势。他们总是比别人"慢半拍"，需要更多的时间去思考一件事，不管说什么、做什么都是经过深思熟虑的，思维非常缜密。

2.6 直觉带你走向意料之外的收获

爱迪生有一位助手叫阿普顿，是普林斯顿大学数学系的高才生。

有一次，爱迪生把一只灯泡交给阿普顿，让他计算一下灯泡的体积。阿普顿拿着灯泡看了又看，觉得灯泡应该是梨形的，心想：这不太容易计算，可是难不倒我！

阿普顿拿着尺子上下量了量灯泡，又画出一张草图，之后列出一大堆密密麻麻的公式。他算得很认真，额头上都沁出了汗珠，桌子上堆满了验算的稿纸……过了几小时，爱迪生问阿普顿有没有算出结果，阿普顿一边擦汗一边说："快了，快了，就快算出来了。"又过了好久，阿普顿还是没有算出答案。

爱迪生强忍笑意，拿过灯泡，半分钟就算出了答案。

爱迪生是怎么算出来的呢？

过程很简单，他把灯泡沉到水池中，让灯泡灌满水，再把灯泡里的水倒进量筒，答案就出来了。反观阿普顿，他用数学方法来计算灯泡体积，不仅要用到微积分中求旋转体体积的知识，还需要知道灯泡截面曲线的函数方程，计算过程十分复杂。

分享这个故事，并不是为了对爱迪生和阿普顿进行褒贬评判，而是想说，在解决实际问题的过程中，单单按照逻辑规律进行推理，有时是行不通的，还需要借助直觉思维。爱因斯坦曾说："真正可贵的因素是直觉，我相信直觉和灵感。物理学家的最高使命是要得到那些普遍的基础定律，这些定律并没有逻辑的道路，只有通过那种以对经验的共鸣的理解为依据的直觉，才能得到这些定律。"

划重点

> 直觉思维，是指建立在个人直觉的基础上，不经过推理和分析的过程，直接对认识对象下结论的思维方式，具有迅捷性、直接性等特点。

直觉思维，常常会给人带来"灵光一闪"或"脑洞大开"的时刻，为百思不得其解的难题，找到简单高效的解决办法。在这一点上，高敏感者最有共鸣，他们对每一个人、每一件事都有清晰的觉知，习惯从环境中汲取大量的信息，并将其与过往的经验联系起来，经常会有灵感迸发，或是产生某种顿悟。

从生理机制上来说，当直觉出现时，大脑功能处于最佳状态，大脑皮层极度兴奋，会出现各种自然联想，从而有意料之外的收获。直觉犹如一个神秘的精灵，不是时刻都会出现，但它偏爱细腻的、高敏感的人，主动降临在高敏感者身上的频率远远高于普通人，这是一种可遇不可求的幸运，更是一份天赐的优势。

2.7 撇开肤浅社交，为深度关系留白

对高敏感者来说，社交情境总是让他们不堪重负、身心俱疲，因为他们要持续地处理大量的信息，揣摩他人的情绪、微表情、言外之意以及环境中的背景信息。在充满过度刺激的社交情境中，高敏感者可能会躲在角落里默默观察，也可能会找个借口提早离场，为此他们也经常被扣上内向、孤僻、高冷的帽子。

这是不是意味着，高敏感者社交能力差呢？他们总想逃离热闹的人群，是因为性格内向吗？实际上，这里隐藏着对高敏感者及其特质的误解。

划重点

高敏感者被认为不擅长社交的一系列表现——沉默、孤僻、高冷等，不是因为他们缺少社交能力，更不是因为他们性格内向，而是因为他们的内心不倾向于那样的社交方式。相比肤浅的社交，他们更喜欢、更擅长高质量的互动，一对一的深度交流。

高敏感群体与内向群体存在重合，但两者不是对等的关系。根据迈尔斯—布里格斯类型指标（MBTI），内向和外向之间的区分并不是"内向者害羞，外向者健谈"那么简单，

它更多的是指一个人将注意力和精力投放在何处，以及从哪里汲取能量的心理偏好（图2-2）。事实上，有一些外向的、开朗的人，也具有高敏感的人格特质。

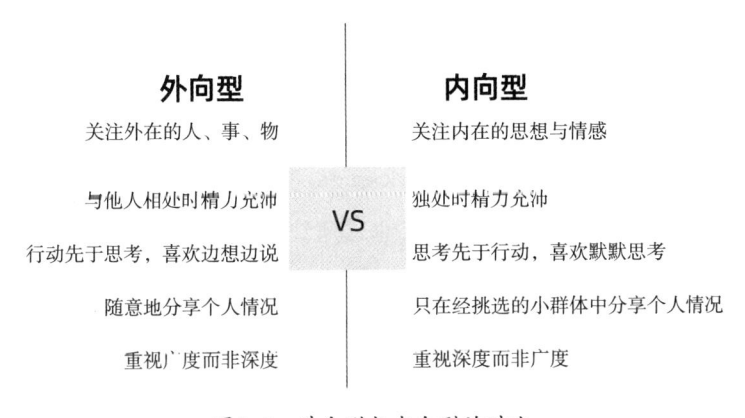

外向型	内向型
关注外在的人、事、物	关注内在的思想与情感
与他人相处时精力充沛	独处时精力充沛
行动先于思考，喜欢边想边说	思考先于行动，喜欢默默思考
随意地分享个人情况	只在经挑选的小群体中分享个人情况
重视广度而非深度	重视深度而非广度

图2-2　外向型与内向型的对比

划重点

高敏感特质与内外向特质的测量指标是不一样的。高敏感者的感官灵敏度指的是他们如何处理信息，而内向、外向区分的是一个人将注意力放在何处，以及从哪里汲取能量。

高敏感者之所以给人一种不擅长社交的感觉，是因为他们不喜欢流于形式的交往，也不热衷于闲聊肤浅的话题，但这并不意味着他们社交能力差。事实恰恰相反，他们才是擅长与人建立深入关系的高手。

美国共情力研究专家亚瑟·乔拉米卡利认为，实现共情不能以自我为中心，而是要全心地投入到另一个人的经历中，走进对方的内心。在这个过程中要摒弃偏见与刻板印象，在对方的特定条件下思考问题，从而理解对方的想法，实现共情。

对高敏感者来说，这简直是不费吹灰之力就能够达到的状态。敏锐的觉察力，让他们在互动中捕捉到更多的信息；强大的感受力，让他们轻松地感知到对方的情绪状态；天然的共情力，让他们总能作出恰当的回应。这是人际交往极具优势的入口，也是来自身体的一种本能反应，一切都是自然而然发生的。

高敏感者给人的那些错觉——冷漠、孤僻、不合群、难相处，只因他们不喜欢泛泛而谈，不愿在低质量的社交中耗费精力，承受过度刺激与干扰。可是，对于生命中的那些重要他人，在精神层面有共鸣的好友，在工作领域可以切磋探讨专业知识与新奇创意的伙伴，高敏感者完全可以投入到沉浸式的交流中。这种高质量的互动常常会给关系、情感和事务带来积极的影响，而这种深度关系对他们自己而言，也是对情感精力的滋养。

CHAPTER 03 — 怎样避免过度的感官刺激

> **自救指南**：主动屏蔽信息的干扰，感官过载时立刻抽离

3.1 化被动为主动，阻截泛滥的无效信息

手机消息提示音"叮"的一声响，你自然地拿起手机，心里也知道不是要紧的信息，却还是忍不住滑开屏幕，不然总是惦记着，生怕错过了什么。

工作的微信群里正在讨论问题，提示音不断，你知道这个项目和自己无关，却还是有些"不放心"。万一真的有事情找自己呢？打开群聊，翻看了前后的聊天记录，确认没有涉及自己方才安心。既然已经打开微信了，顺便再看一眼朋友圈吧！

临睡之前，习惯性地打开微博或头条，看看社会新闻有哪些重要的、新奇的事情。本想着看一会儿就算了，不承想一晃就到了凌晨1点，又主动熬夜了。

上面的场景想必会让很多人感同身受，它们就像是一个时代的生活特征。互联网与智能手机给我们带来了便捷与高效，也带来了全新的困境。

我们获取信息的成本越来越低,但处理信息的能力却没什么变化;信息的类型和数量越来越多,但整理分类信息的方式却没有更好地优化;看新闻和视频的体验越来越好,但面对行为上瘾却没有太好的方法;遇到问题可以随时上网查阅,但也越发不重视知识的沉淀与深度的学习。信息过载让越来越多的人失去了对生活、对自我的掌控,陷入焦虑、疲劳、沮丧、无法集中注意力的怪圈,其中高敏感者体验到的痛苦更为强烈。

划重点

高敏感者对于所接触到的事物,原本就比其他人要敏感,而信息过载很容易让他们的大脑陷入超负荷运转状态。同时,高敏感者又有深度思考的习惯,对事物倾注的精力与脑力更多,面对浩如烟海的信息,他们更容易感到厌烦和焦躁。

无论打开哪一款手机App,都难以逃脱"被动接收信息"的环节,这是商业营销手段,是互联网产品不可或缺的一大要素,它让用户养成习惯,产生依赖性。遗憾的是,很多人对此浑然不觉,或是已经习以为常,对呼啸而来的信息全盘接受。

大脑接触的信息越多,耗费的认知资源就越多,当它被泛滥的信息包围时,思考能力就会下降。在信息过载的状态之下，高敏感者受到的刺激、产生的负面反应会比常人高出数倍。

> **划重点**
>
> 为避免信息过载带来的过度刺激，有些高敏感者开始践行极简主义。就信息极简而言，其核心理念是"化被动为主动"，尽量减少日常生活中"被"推送消息或推荐的可能性，只在有真实需求时"主动"搜索相关的信息。

几乎所有的被动信息都不具有"当下的价值"，可它们是内容平台通过大数据算法推送给你的，很会投其所好，调动你的欲望和需求，让你忍不住去浏览。这个过程激活了大脑中的奖赏细胞，使其释放出了能让你感到愉悦的神经递质——多巴胺！

多巴胺是一种脑内分泌物，是大脑中含量最丰富的儿茶酚胺类神经递质，能调控中枢神经系统的多种生理功能，控制着人类的欲望、冲动力、想象力以及创造力，对个体行为有重要影响。简单来说，多巴胺就是一种让人上瘾的物质，缺失时会让人感到难受。

认知心理学家认为，习惯是一种在情境暗示下产生的无意识行为，是几乎不假思索就可以做出的举动。如果习惯是好的，结果是获得精进；如果习惯是坏的，结果是逐渐堕落。手机时代的行为上瘾是很隐蔽的，多数人只是感觉"看了还想看"，却忽略了这种无意识的行为会对心智、情绪和精神状态造成负面影响。

在信息爆炸的时代，爆炸的不是所有信息，而是垃圾信息。对高敏感者来说，与其被困在浩如烟海的信息中，不如主动设置自保的屏障，只专注于对自己有价值的信息。

3.2 少发微信，适时关闭朋友圈，不会失去朋友

无论是乘地铁、坐公交，还是等人、等餐，总会有一些碎片时间，这个时候刷刷小红书、朋友圈和短视频，就成了多数人打发时间的利器。如果不做这些事情，好像就不知道该怎样熬过当下的时间。如果你是高敏感型人，真的非常不建议你这样做，因为输入大脑的刺激中有80%是视觉信息。

记不清有多少次，小K拿着手机滑动屏幕，一条条地翻看动态，不时地给别人点赞、评论，或是阅读文章，完全忘记了时间的存在。直到感觉眼睛酸了、脖子痛了，再看一眼时间，才发觉已经一个多小时过去了。除了身体上的酸痛，大脑也感觉在发胀。

长时间盯着手机屏幕会刺激感官，长时间停驻在社交媒体平台还会消耗心理能量。

1998年，卡内基·梅隆大学的研究者罗伯特·克劳特发现，人们上网的频率越高，就越感觉孤单沮丧，与周围人联系越少，自身的幸福感也越低。研究还表明，在发微博、看朋友圈上花费的时间越长，越容易产生嫉妒感。因为看到与自己年龄相仿的熟人，生活得比自己更光鲜（哪怕事实并非如此），也会在无形中给自己造成压力，从而感到失落和不开心。

Y是一位设计师，从事自由职业15年。

从三年前开始，他给自己的社交生活设置了一条原则：不用微信，不加微信，关闭朋友圈。无论是家人，还是工作上的合作伙伴，他都告知电话联络。偶尔，会有新结识的伙伴提出加个微信，方便日后联系。对此，他也直言相告："不好意思，我不用微信。如果有问题的话，可以发邮件给我，我看到后会回复。"

不用微信，不加微信，也没有其他的社交媒体账号，不是所有人都能理解Y的做法。毕竟，他是一个35岁的青年人，且不说实现"社交网络戒断"的难度，无法进行即时沟通，这似乎不太符合时代的节奏。

别人不了解，自然会有质疑，但Y很了解自己。他是一个高敏感型人，之前面对大量的、细碎的微信消息，他总是感觉很烦躁，经常被干扰。现在，脱离了微信，用邮件收发信息，每天固定时间批量处理信息，可以确保注意力的完整性和连续性。

每天没有那么多微信消息的轰炸，他收获了专注、高效与轻松，觉得属于自己的时间更多了，所思所想也变得更有针对性，减少了很多无谓的精力消耗。而且，不用微信，关闭"朋友圈"，也并未使他失去真正的朋友。一次20分钟的电话沟通，一次2小时的咖啡厅面谈，都比在微信上一来一回地发送消息说得更清楚，聊得更深入。

豆瓣里有一个"数字极简主义者"小组，这个小组的诞生源自麻省理工学院博士卡尔·纽波特的著作《数字极简》。组长引用了书中的数字清理方案，即希望所有成员在远离数字设备的30天内，找到自己认为真正有价值的事情，并以此为出发点，合理使用一切科技。这个为期一个月的"数字断舍离"计划，吸引了一万多人的关注、讨论和实践。❶

不是所有的高敏感者都"有条件"不用微信、关闭朋友圈，特别是对上班族而言，这不太现实。然而，暂时性地、有选择地脱离微信，减少使用时间，集中处理消息，还是可以做到的。这样你会有更多的时间专注地做有意义的事。如果把醒来、睡前的时间用来冥想，或是读一两页书，还可以

---

❶ 参考文献：《不用微信的年轻人》，ELLEMEN睿士的官方账号，2021年10月15日。

收获更多的平静。

3.3 限制新闻的摄入量，稀缺的精力要慎用

刚刚诞下女儿的小悠，在看到"30岁母亲身患癌症不舍离世，只因内心放不下年幼的孩子"的新闻后，瞬间萌生了一种无力感。

她感觉胸口就像压了一块石头，憋闷得出不来气；脑子里反复地出现一个声音：明天和意外，到底哪一个先来？万一这样的不幸降临到我身上，我的孩子该怎么办？我今天所追求的一切，是否都丧失了意义？

小悠的思绪陷入了混乱，直到同事的一通电话让她被迫中断了对这则新闻的反刍。可之后的几天里，她仍会不时地想到这件事，生出一些负面的想法和情绪。

每个人受外界信息的影响不同，高敏感者在听闻负面信息，看到别人承受痛苦时，会萌生出强烈的共情，有可能一连几天深陷其中，为当事人的遭遇感到悲哀和难过。

新闻报道者为了博人眼球，往往会刻意起一些有冲击力的标题，报道一些不好的、灾难性的、令人愤怒的事件：

"17岁男孩电梯内绑架7岁孩童殴打至重伤"

"孩子身上总是出现淤青，原来老师做了这样的事情"

"一个寒门学子改变命运的钥匙，你怎么把它盗走了"

这些贴近生活、极易引发共鸣的社会事件，偶尔看到一两则倒也还能消化，可当类似的新闻不断地涌现出来，高敏感者的感官和情绪都会受到极大的刺激，甚至会形成错误印象，认为生活就是一场苦难。

仔细想想，灾难是现在才有的吗？在人类尚未出现之时，自然灾难就已经存在，而在过去的历史长河中，灾难也从未断绝。只不过，那时候没有发达的网络，我们对遥远的灾难不得而知。现在，负面的社会新闻频繁爆出，一方面是信息技术比较发达，另一方面是我们的刻意关注。

浪费精力去了解世界上每天发生的所有事，对高敏感者一丝好处都没有，反而很容易让人对新闻产生依赖，忍不住频繁查看有没有最新的消息。奇闻异事是看不完的，你可以一天读10条，也可以一天读100条，只要你想，它们就可以不断地呈现在眼前。可是，这些新闻里有多少是真实的，又有多少是对你有积极意义的呢？

很多时候，新闻报道者出于阅读量的考虑，会把一件平凡的事情渲染得出神入化，写出一篇篇吸引人的故事，再配上一些扎眼的图片。此时，你阅读到的"事实"，可能都是经过包装的；你读到的那些危机，也许根本不是真正的危机。

高敏感者的易感性，使其需要花费较长时间和较多精力消化信息。好不容易给自己"充电"，获得了新能量，如果再被负面新闻消耗掉，那就太可惜了。选择性地去听取和关注信息，既是对时间的珍视，也是对自身精力的保护。

3.4　手机App越多，消耗的注意力越多

最近一段时间，Susan发现自己的注意力很难集中，对工作提不起兴致，总是在社交媒体上闲逛，发布自己的感触，顺带看看别人的状态。

虽然没有做太多的事情，可是她整个人却比之前更加疲倦。Susan很厌恶这种状态，她总是昏昏欲睡，面对要处理的任务，大脑就像是短路了一样。每每这时，她又会打开手机，试图给自己放松一下。然而，这种做法就像是饮鸩止渴，等放松完了，更没心力做事了。

有一天晚上，家里断电了，刚好也到了睡觉的时间。Susan没有翻看手机，躺在床上思考自己近期的状态，她忽然想到：是不是手机App影响了我的注意力呢？

次日，Susan把手机上所有无关紧要的App都卸载了。起初，出于过去的习惯，她还是会无意识地拿出手机想要查看一下社交媒体。可是，当她发现手机界面上已经没有这些App时，也懒得重新下载安装了，因为并不是非看不可。

渐渐地，Susan开始把注意力拉回到工作上。没有了干扰和诱惑，她感觉时间也变得充裕了。沉浸式工作的心流状

态，不仅提升了工作效率，也让她感到愉悦。

现在，烦请你思考一下这几个问题：

1.你的手机里有多少个App？

2.这些App分别归属于哪一类？

3.有哪些App是生活中非用不可的？

4.有哪些App是出于好奇和打发时间下载的？

5.你每天在手机App上花费的时间是多少？

6.只保留非用不可的，你会删掉哪些App？

问题似乎有一点烦琐，却绝对是值得思考的。对高敏感者来说，手机是生活环境中制造过度刺激的一个重要因素，即使远离喧闹的人群，独自一个人待着，若不能放下手机，声音、画面的感官刺激依然会持续存在。

手机就像是一座虚拟的房子，App就是里面的物品。打开手机界面，App井然有序，都是日常生活的必需品，没有一样是多余的，那我们就不会在这上面耗费太多不必要的精力。如果App繁杂混乱，新闻、娱乐、游戏、学习等统统都有，一切都从"喜好"出发，那么势必为它们付出相应的代价。

极简主义，就是要从繁杂中逃脱，回归到简单质朴，看清真正的需求，不被欲望束缚。信息极简，就是要说服自己摆脱虚拟的世界，精简非必要的App，构建一个自主的"防御系统"，把那些充满干扰的破坏性选项移除。

在精简手机App的问题上,没有固定的、统一的标准,至于有哪些App可以删掉,也是因人而异的。在此,我分享一下自己选择卸载的三类App以及个人的心得,希望给有需要的高敏感朋友带来一些启示。

划重点

手机自带的、几乎不用的App

手机买来的时候,里面就有系统自带的App。我基本上一年都不会用到几次,任由它们占据内存,着实是一种浪费。所以,只要是能够删除的,我就全部清掉了。

划重点

耗费时间的、弊大于利的娱乐App

短视频、手游等App是吞噬时间和精力的高手,会给人带来麻痹的、即时的快感,但那不是真正的快乐。在这些App上刷了两小时以后,得到的不是满足,而是头昏脑涨和内疚自责。当然了,如果你可以控制好娱乐的时间,也可以保留这类App,毕竟每个人都有自己的放松方式。

划重点

看上去有价值,实则成为干扰的App

果壳、豆瓣、知乎等App,往往会被认为有重要价值,因为偶尔会从中获得一些意外收获和启发。对于这种知识类的App，我建议高敏感的朋友选择网页版，在固定时间阅读，减少访问频率。如此一来，既可以获得自己渴望的内容，又不至于浪费太多时间。

现在，我的手机中保留的App大致有以下几个：微信、电子银行、读书、打车软件、地图，没有娱乐App，但基本的生活需求都可以满足，有效地避免了手机对精力的侵占。

3.5 每天或每周设置"轻断网窗口期"

作家伍尔夫说："女人要有一间自己的屋子。"这间屋子指的不是房子，而是心灵的空间，且这间屋子不只是女人需要，所有人都需要，对于高敏感者来说更是不可或缺。

没有网络的时代，牛顿发现了万有引力，雨果写出了《巴黎圣母院》，火车和汽车也诞生于这个世界上。有了网络之后，我们的思想能越过时光与地域的界限，但相比于创造新事物，更多人反而掉入了处理更多垃圾信息的陷阱。

划重点

无论是与人相处，还是与网络相伴，都是处于一种信息互动的状态。

互联网的确强大，可是长时间地沉浸其中，生活会严重被它侵扰。有时，你想看一本书，手却不由自主地拿起手机开始刷社交软件；有时，你正在查阅资料，闪动的微信提示却促使你即刻回复信息，而你也将其视为一种常态。

现代人已经习惯了24小时联网的生活，完全忘了联网是一种选择，而不是一种必然的状态。对高敏感者来说，在人群密集的大城市里工作或生活，很难隔断与外界的互动，这是生存环境决定的。可是，不需要处理工作事务，在完全属于自己的休息时间，能不能主动屏蔽网络呢？

几乎每部手机上都有使用时长和各项App使用时间的记录。你在手机上花费的时间是否有意义？你浏览的那些信息是否真的有必要去了解？你可以从这些信息中获得什么？这些信息是不是真实可靠的？能否以更科学的方式，通过更可靠的信息来源，去满足自己的需求？

实际上，碎片化的信息中有价值的部分极少，大量地接收这些信息，无法给自己带来有用的知识与思考，只会让人在放下手机的那一刻感到精疲力竭。假设每一条讯息有100字，每天阅读100条讯息，那么一个月下来的阅读量就是30万字。常见的社科类书籍，一本书的字数多是10万~15万字，这种碎片化信息的摄入量相当于2~3本书。可我们知道，读书的收获是碎片化阅读无法比拟的，且后者影响的绝不仅是资讯的营养，还有内心的定力。

凯里·萨沃卡是一名"90后"兼职软件工程师，平时依靠写代码和在网络上教英语赚钱。她曾经尝试了为期一年半的"轻断网",并将体验分享给网友们。

凯里·萨沃卡停用了家里的Wi-Fi,甚至连电脑和电视都从家里消失了。当她需要用电脑时,就向别人借一台,到有Wi-Fi覆盖的咖啡馆去处理工作,力求一次性把问题解决,之后继续过自己的断网生活。

与此同时,她把那些需要电脑操作的事情做了自动化设置,如自动缴费、续费;她会提前写好博文,在有电脑的时候,设置定时发布。当她开始从事软件工程师的工作后,就购买了一台二手电脑,但依旧是在断网的状态下写代码和文章。只有极特殊的情况需要连网处理时,她才会使用手机的流量。

凯里·萨沃卡的做法,对高敏感型人来说是一个参考。她并不是完全脱离网络,而是选择在一个固定的时间,集中处理所有需要电脑和网络处理的问题。换句话说,就是把平时碎片化处理的事情,放在一起统一处理,既主动屏蔽了信息的干扰,又实现了专注与高效。

网络是一把双刃剑,控制好它,获益无穷;反被控制,侵蚀身心。容易受到过度刺激的高敏感者,不妨给自己设置"轻断网窗口期",把这段时间和空间完完全全地留给自己,安静地独处,或是沉浸式地与自然互动,这是放松心情、体察自我、滋养精力的绝佳方式。如果条件允许的话,尽量把使用网络的时间控制在较小的范围。

你可以在周末尝试一下轻断网,看看不追踪新闻、不刷社交媒体,是一种什么样的状态。我个人的体验是,与网络世界断联并没有那么可怕,反而感觉更充实。这种情况下,自己可以有更多的时间进行思考、阅读和写作,更好地关注当前所处环境中的重要事务,发挥出高敏感特质的优势。比如:和家人或朋友进行面对面的交流,沉浸于文字创作或者享受纯粹的思考。这会让人体验到一种难以言喻的神清气爽,并对人与人、人与物之间的互动拥有更细腻的感触。

3.6 随身携带一副降噪耳机,你会感谢它的

当高敏感者置身于音乐厅,聆听不同乐器现场演奏出的美妙乐章时,会产生一种直抵灵魂的震撼与感动;当高敏感者置身于树林中,听到风吹树叶的哗哗响、小鸟清脆的鸣叫声,会由衷地涌出一种喜悦之情;再或者,听到小溪潺潺的流水声、海浪磅礴的翻滚声,都会萌生出不同的情绪感受,这是听觉敏感带来的益处。

街道上的噪声、邻居家挪动家具的声响、牙科诊室的声音、商场里的喧闹声,或是他人争吵的声音、伴侣的呼噜声、孩子们的尖叫打闹声等,都会让高敏感的人感到烦躁和

疲惫。这是听觉敏感带来的坏处。

丹麦心理学家伊尔斯·桑德是一位高敏感者,她喜欢随身携带降噪耳机,用它来阻隔外界那些喧闹的声音。如果有人在她身边打电话,她会立刻拿出耳机来听音乐。每次演讲之前,她都会先听5分钟音乐,让自己完全沉浸在音乐之中,彻底地放松。

借助音乐这一桥梁,伊尔斯·桑德与灵魂深处的自我进行沟通。有时忘记了带耳机,她会感到很难受,甚至很难在演讲过程中保持跟往常一样的状态。在演讲开始前的5分钟里,别人的对话会不断地闯进她的意识,干扰她的注意力,让她无法与自我进行沟通。

伊尔斯·桑德指出,高敏感者不是总能意识到喧闹的环境已经对自己产生了影响,而是在事后才恍然大悟。有一次,她和别人相约在一个喧闹的咖啡厅,当时不觉得有什么干扰,因为所有的注意力都投注在彼此的交谈中。可是,当她走出咖啡厅,呼吸到新鲜的空气时,才意识到咖啡厅里的氛围太吵了,而她已经精疲力竭了。

伊尔斯·桑德的经历提醒高敏感者,随身携带降噪耳机是一个明智且必要的选择,它可以很好地帮助你过滤或降低周围的杂音。然后,你还可以评估一下自己经常接触的环境中,有哪些噪声是可以控制的,并思考该如何应对。

如果你不喜欢商场里人头攒动、嘈杂喧闹的声音,那就尽量避开节假日、人多的时候出行；如果是和朋友约见，可以选择人群不太密集的楼层或餐厅，总之就是主动远离噪声刺激。

如果无法回避，比如置身于开放式的办公室，难免会听到周围同事接打电话，那么你可以申请角落的位置，戴上自己准备好的降噪耳机，播放简单的、沉浸式的背景音乐（如雨声、风声与暖屋木柴燃烧的声音等），既可以享受美妙的声音盛宴，又能屏蔽外界的干扰。

3.7 善待自己的身体，感官过载时立刻抽离

人有五感——视觉、听觉、嗅觉、味觉和触觉。

人的眼睛高达5.76亿像素；听觉的频率范围在20～20000Hz；指腹的触觉感受器最多，触觉最灵敏；人类的嗅觉比较弱，但是也可以闻到5～6米之内的芳香物质；人类的基本味觉有甜、酸、苦、咸，此外我们还能感受到一些非常复杂的复合型味道。

高敏感者的感官灵敏度高于常人，因而每天都要受到巨大的挑战。控制和减少电子产品的使用，属于主动隔绝环境中的过度刺激，这如同给自己设置了一个保护罩。

划重点

生活中有一些状况是无法事先预知的，如果在

> 没有防备的情形之下发现自己感官过载,对高敏感者来说,最好的办法就是立刻抽离。

多年前,S和女友到影院看《阿凡达》,他们为此期待了整整一个星期。

当时,这部影片非常火,一来是受到影片宣传的影响,二来是多数人对3D电影感到好奇。带着新奇与激动,S坐在了影院里,期待着别样的观影体验。

刚开始还不错,可是很快,高敏感的S就开始感到头晕不适,3D效果让他觉得自己失去了平衡。为了让自己舒服一些,S尝试了各种方法:闭上眼睛,深呼吸,摘下3D眼镜,让自己有意识地关注电影情节……然而,这些做法并没有发挥效用,S依旧感到头晕,甚至有些心慌不安,他的感官完全被不适感侵占了。

《阿凡达》的播放时间很长,有一段中场休息时间。S纠结了一会儿,最终还是把自己的情况告诉了女友。他说:"我觉得头晕,下半场不能看了。本来挺期待这件事的,没想到不适应,有点扫兴。我待会出去转转,平复一下。你看完后,给我打电话,我们再汇合。"

就这样,S去外面走了走。待女友看完后,给他叙述了后面的剧情,两个人又一起吃了晚餐,也算是度过了一个美好的夜晚。

S的处理方式是恰当的。他主动把自己的状况告诉女友，解释清楚原因，获得对方的理解，并对原来的计划作出调整。如果他强忍着不适，身体和情绪状态一定会很糟糕，即使勉强撑到最后，也没心思一起吃晚餐了。如此，他的高敏感就可能成为影响关系的一个负面因素。

　　有些高敏感者能够正常观看3D电影，但他们对气味十分敏感，别人觉得没什么问题的食物，他们可能难以下咽；还有些高敏感者的触觉非常敏感，他们无法享受开车兜风的乐趣，因为无法接受风吹在皮肤上的感觉……无论哪一种情况都是正常的反应，千万不要勉强硬撑，试图让自己和多数人一样。

　　高敏感不是错，不是缺陷，你要对自己的这一特质有所了解。正确看待自己的感受和需求，才能更好地处理自己面临的问题。如果你看3D电影会头晕，那就直言相告；如果你很怕冷，那就穿得厚一点儿；如果你不喜欢穿堂风，就把门窗关小一点。总之，清楚自己需要什么，你才能让自己感到舒适。每个人都有善待自己的权利。

3.8　感官疲劳之后，这样做可以快速恢复

　　哲学家克尔凯郭尔是一位伟大的高敏感者，他写下了关于安静的最美的句子之一："我们认识的生活与世界病得很

重。如果我是医生,如果要我给世人诊治,我会告诉他们:安静,我开的处方就是安静。"

对高敏感型人来说,当感官受到过度的刺激后,最基本的恢复方式就是隔断外部刺激,用安静的环境抚慰疲劳的感官。图3-1至图3-5是针对五感提供的一些快速恢复的方法。

你有没有想过,为什么商场、超市、便利店的灯光总是那么明亮?因为人在灯光的照射之下会变得兴奋,增加购买欲望。既然光容易令人兴奋,那么想要恢复平静,就可以试着调节环境中的灯光,降低亮度。想要让视觉更彻底地放松,还可以戴上眼罩(图3-1)。

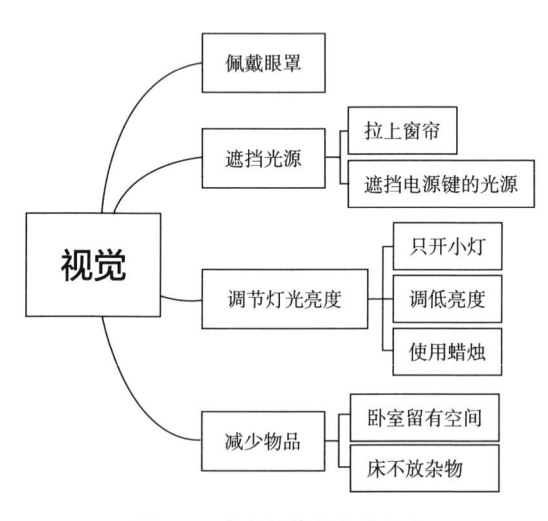

图3-1 减少视觉刺激的方法

卧室是休息之所,高敏感者要特别注意,尽量不在卧室放过多的物品，也不要放置电器。杂乱的环境和电器电源键散发出的光，都会影响休息。

高敏感者在感官疲劳的状态下，可以尽量找一处安静的地方休息，戴上耳塞或降噪耳机，或听一听舒缓的音乐。睡觉的时候，不要在卧室里放电器。如果难以忍受空调的声响，也可以戴上耳塞。总之，要优先保证自己可以安心休息（图3-2）。

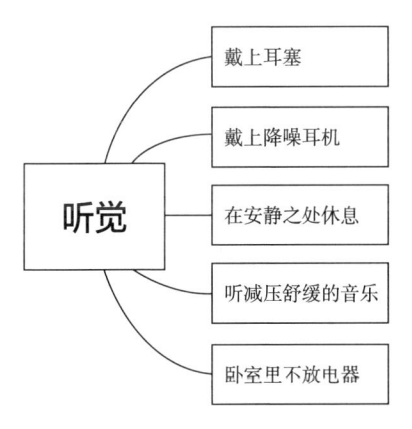

听觉
- 戴上耳塞
- 戴上降噪耳机
- 在安静之处休息
- 听减压舒缓的音乐
- 卧室里不放电器

图3-2 减少听觉刺激的方法

触觉灵敏的高敏感者，可以在卧室或沙发上放置一条亲肤的毛毯，用它将自己包裹起来，就像婴儿在襁褓之中那样，体验到安全与惬意。休息时穿着宽松舒适的睡衣，材质可以选择适合自己的，如纱布、亚麻、棉布、丝绸等（图3-3）。

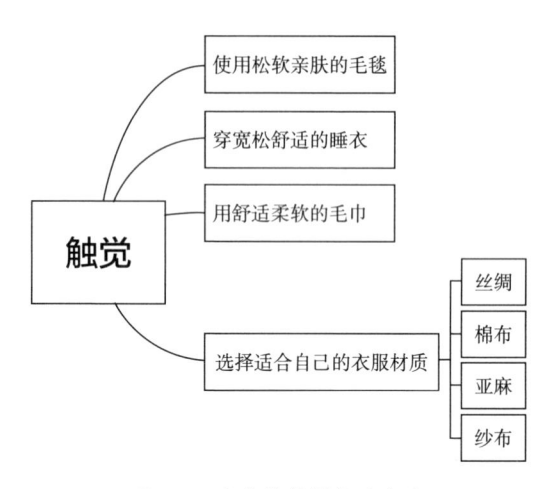

```
触觉 ─┬─ 使用松软亲肤的毛毯
      ├─ 穿宽松舒适的睡衣
      ├─ 用舒适柔软的毛巾
      └─ 选择适合自己的衣服材质 ─┬─ 丝绸
                                 ├─ 棉布
                                 ├─ 亚麻
                                 └─ 纱布
```

图3-3 减少触觉刺激的方法

生活中有许多物品可以散发香气，如芳香加湿器、芳香蜡烛、精油、衣物柔顺剂等。高敏感者可以选择令自己感到愉悦、放松的味道，沉浸在这种气味之中，从而更好地得到恢复。比如，用薰衣草香味的衣物柔顺剂浸泡睡衣、床单，或是用薰衣草味道的眼罩，休息时便可以嗅到淡淡的薰衣草味，从而提高恢复效率。如果你喜欢某种果蔬的香气，如柠檬、苹果、芒果，也可以用天然的味道让自己放松（图3-4）。

比起口味复杂、带有刺激性的食物，简单清淡的食物更容易让身体感到舒适、轻盈（图3-5）。不仅如此，食物也是心灵的晴雨表，与情绪之间有着密不可分的关系。

当身体缺少维生素B_1时，很容易出现暴躁易怒的情况；

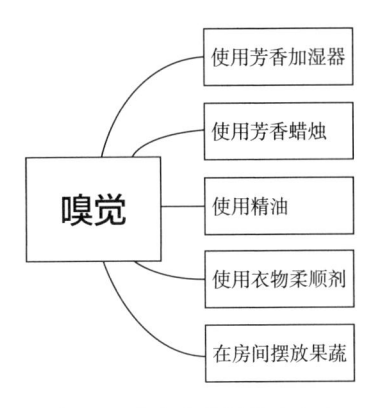

```
          ┌── 使用芳香加湿器
          │
          ├── 使用芳香蜡烛
          │
   嗅觉 ──┼── 使用精油
          │
          ├── 使用衣物柔顺剂
          │
          └── 在房间摆放果蔬
```

图3-4　减少嗅觉刺激的方法

```
          ┌── 吃简单的食物
   味觉 ──┤
          └── 坚持天然的味道
```

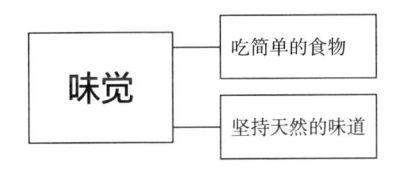

图3-5　减少味觉刺激的方法

当身体缺少维生素B_3时，又会出现焦虑不安、失眠或抑郁的情况。如果肉吃多了，肾上腺素的分泌水平就会提高，人容易冲动和发怒。当身体摄入的色氨酸过少时，比较容易陷入悲观、忧郁之中。所以，平日里要适量吃一些小米、鸡蛋、香菇、肉松等食物，保证色氨酸的正常摄入。如果情绪总是反复无常、不稳定，要多食用碱性食物，如花生、大豆、鸡蛋等。要是情绪波动特别大，可以尝试吃素。

关爱自己，不是一味地满足口腹之欲，而是用好的习惯获得身心的舒畅与自由。

CHAPTER 04 为什么高敏感的人容易心累

> **自救指南**：降低20%的自我苛求，减少80%的精神内耗

4.1 明明什么都没干，却感觉精疲力竭

"每天都觉得好累，其实什么事情也没做，什么事情也投入不进去。"

"好像是得了选择困难症，就连穿衣服这种小事都要纠结很久，怕穿得不够正式，怕搭配得不够协调，折腾一个多小时，已经不想出门了。"

"担心事情做不好，担心客户不满意，担心老板有意见，活得如履薄冰。"

"我有严重的拖延倾向，不是不想做事，是总想做到完美。"

高敏感者几乎每天都被这样那样的琐事与想法纠缠，即使什么事情都没有做，他们仍然会感觉疲惫不堪。这种疲倦不是体力上的，而是精神层面上的。

划重点

精神内耗，是指个体在对自己、他人、关系或

事件的认知、评价上消耗太多的心理能量，内心产生剧烈的冲突，却没有展开有效的行动。

精神内耗的过程，就像是手持一把勺子，一点一点地把自己掏空。所以，高敏感者常常觉得心累，伴随着一种无助感与耗竭感。长期来看，精神内耗对躯体、心理和行为都会产生负面影响。

○ **躯体层面**

长久的精神内耗会引发躯体的亚健康状态，如睡眠质量下降、免疫力下降，还可能引发慢性疾病，如偏头痛、高血压、三叉神经痛等。

○ **心理层面**

当个体的心理能量不断被消磨和耗损，会产生强烈的负面情绪体验，如焦虑、自责、悲伤、懊悔，久而久之，个体会变得精神萎靡、悲观抑郁。

○ **行为层面**

精神内耗让个体变得优柔寡断、拖拖拉拉；容易被他人的话语影响，情绪低落；总担心自己说错话、做错事，对人际交往变得敏感、退缩；经常对自己提出过高的要求，只要没有达到预期，就会自我贬低。

为什么高敏感型人容易陷入精神内耗呢？

> **划重点**
>
> 遮掩特质——排斥高敏感特质，在否认与自欺中内耗

别人都可以从容自如，为何我做不到？别人都可以不在意，为何我耿耿于怀？这些声音和想法时常萦绕在高敏感者的心中。为了让自己看起来和别人"一样"，他们会故意掩饰自己的高敏感，给自己戴上面具，不让真实的想法流露出来，以此欺骗别人，也欺骗自己。

否认和自我欺骗如同一针麻醉剂，可以使人暂时不必承受真相带来的痛苦。他们耗费大量的精力去掩饰自己，为自己行为与感受的不符找各种理由。换句话说，他们耗费巨大的能量来克服"认知失调"。

> **划重点**
>
> 反刍思维——过分纠结过去的遗憾，在懊悔与自责中内耗

高敏感型人经常会沉溺于过去的错误与失误中，什么时候想起来都会感到懊恼，仿佛自己就是一个"失败者"。这是一种严重损耗精力的反刍思维，也是悲观消极的负向思

维，越消极，内耗越严重。

划重点

苛求完美——自我要求过高，在难以实现的焦虑中内耗

高敏感型人往往是完美主义者，会给自己和他人设定较高的标准，包括道德标准。为了实现理想化的目标，他们会强迫自己严格按照既定的计划执行，丝毫不敢松懈。这种状态通常难以持续，毕竟人不是机器，生活又有各种意外和变故。一旦计划被打破，未能达到预期，焦虑感就会充满高敏感者的内心。此时，若是没有办法让事情顺利进展，他们还会产生强烈的自我贬低与自责感，加剧精神内耗。

划重点

负性思维——过分关注负面信息，在思虑过度中内耗

高敏感者过分在意身边的人和事，同事的一句话、朋友的一个眼神，他们都能够体会出多种情绪，甚至经常不自觉地往自己身上联想，并得出负面的结论。许多事情原本没什么，可经由他们思考之后，却变得复杂了。这种思虑过度的习惯，本身也是一种内耗。

现在，你不妨对照一下，看看自己在哪些方面耗损了无

谓的心理能量。

4.2 糟糕的不是高敏感,是对高敏感的排斥

如果你看过泰国的潘婷洗发水广告,一定记得这两句颇有深意的台词:

——为什么我和别人不一样?

——为什么你要和别人一样呢?

对小提琴情有独钟的听障女孩,受到街头小提琴卖艺老人的鼓舞,走进了音乐培训班,结果遭到了其他同学的奚落。残酷的现实击碎了女孩的梦想,在回家的路上,她再次遇到老人,忍不住落下眼泪。她哭着问老人,为什么自己与别人不一样?老人反问她,为什么要和别人一样呢?音乐是有生命的,闭上眼睛用心去感受。

女孩放下了顾虑,迎着众多轻蔑的目光,心无旁骛地练琴。多年后,在一次青年古典音乐大赛上,她以一首《卡农》震惊了在场的所有人。那一刻,回想起以往的苦难与屈辱,已是云淡风轻。

走出这段广告,联想到现实生活,再重新品味那两句台词,感慨颇多。

多数人对于自己内心的阴影会感到恐惧,这个阴影包括许多层面:脆弱、自私、胆怯、贪婪、恐惧……当然,

也包括敏感。总之，就是那些存在于我们身上，而我们又往往极力掩饰、压抑和否认的特质，它们被心理学家称为"阴影"。

高敏感者由于自身能量低，往往伴随着不同程度的自我怀疑或低自尊，经常会感觉自己不够好，加之对人对事过度敏感，在人际关系方面总是遇到困境，更容易感到自卑。他们厌恶自身的敏感特质，羡慕别人可以在人前谈笑风生，而自己却在各种乱七八糟的想法编织出来的思想网中挣扎。他们迫切地想要改变、摆脱过度敏感的特质，结果越抗拒越难熬。

每个人都不愿直面阴影，但这些特质不会因为我们的否认和逃避而消失。相反，它们会在潜意识中藏起来，悄悄地影响我们对自己的认同感。当我们偶然接触到这些阴影的时候，第一反应就是逃避，想与之划清界限。然而，当我们的注意力稍微松懈一点，它们又会从潜意识里冒出来。为了压抑它们，我们要耗费巨大的心力，而这种付出没有任何意义。

划重点

相比掩饰、压抑和否认高敏感的特质，承认和接纳更有实际的效用。

这种接纳，建立在平静对待自己的每一项特质上，既不刻意彰显，也不刻意隐藏。高敏感者可以把自己的敏感、多思视为自我的一部分，用善意和宽容来看待。当对某件事物感到恐惧和不自信时，不必假装"不害怕"，不如坦然地面对这一现实，并对自己说："我的确很敏感、很担忧，不过没关系。"

如果一直怀疑自己、否定自己，那么生活中的一切必然会受到负面的影响。你心中的那个声音，时刻准备着抓住你的失误和弱点，然后做出严厉的批评，让你背负痛苦的情绪，对自己感到失望，摧毁你的自信。如果能忽视那个声音，完全地接受自己，即使自己表现得不够理想，不太擅长在人多的群体里展示自我，也可以平静坦然地接受，没有丝毫抵触与怨恨。

你可能会觉得不可思议，明明不喜欢自己的反应过度，为什么要接受？怎么接受呢？

因为，承认高敏感是你与生俱来的人格特质，承认你就是和别人不一样，可以让你舒服一些，让你不再和自己对抗。人格特质根植于你的生命之中，不存在对错好坏之分。让生活变得糟糕的不是你的高敏感特质，而是你对高敏感的态度——既不接纳，又无法将其根除。

今后，当你为了敏感多思的问题纠结时，你可以试着在心里默念："因为我如此敏感，所以我才是我；高敏感不是缺陷，是我生命的一部分。"只有从容地接纳了"阴影"，才能够得到它的馈赠，这就是荣格说的"金子总是隐藏在暗处"。

4.3 停止遮遮掩掩，你会活得轻松许多

Cece没有工作经验，社会阅历也不多，对待工作战战兢兢，生怕出点差错被人否定。她对批评非常敏感，只要周围的人稍微表达一点评论，哪怕是聊天时对她的穿着有不同看法，她心里都会感到不适，要"消化"半天才能平复。

公司里大都是年轻人，见多识广者不少，多才多艺的也很多。Cece也学过小提琴，但从未在集体活动中表演过，生怕在人前出丑露怯，遭到嘲笑和贬低。从入职时起，公司总共组织过三次聚会，而她全都找借口推脱了。

Cece每天都很疲惫，她要思考该怎样完成工作任务，要为如何与人沟通的问题费心，还要琢磨着如何不在人前出错，不被批评。每当被同事指出报告上的纰漏，或是被领导批评时，她的内心就会涌起强烈的负面情绪，沮丧、失落、怨怼，一股脑儿袭来。

陷在负面情绪中，Cece根本无法进行正常的工作和人际交往，适应情境的能力也不断降低，变得反应迟钝，陷入越怕出错越出错的恶性循环。当她感到无力承受时，就会做出逃离的举动，回避那些可能会让自己出错的环境，尽量不参

与任何群体活动。可越是这样封闭自我，她的自尊心就越脆弱，也更畏惧否定和批评。

不少高敏感型人都有过和Cece相似的经历，经常在脑海里想象：要是我做错了，会不会被人嘲笑？要是我这么说，会不会有人不高兴？越是这样想，越胆怯不安，越放不开手脚，无论是精力还是能力，都被繁杂的情绪束缚了。

高敏感者总是害怕在人前暴露弱点。话说回来，这件事真有那么可怕吗？

划重点

> 暴露弱点本身并不可怕，真正可怕的是，高敏感者头脑中对暴露弱点这件事产生的一系列负面假想，以及由此造成的巨大内耗。

王蒙在《不烦恼：我的人生哲学》里说过："弱点总是要暴露的，正像优点也总会有机会表现出来、表达出来一样。而对待自己的弱点的坦然态度，正是充满自信并从而比较容易令他人相信的表现。只要你确有胜于人处，长于人处，某些弱点的暴露反而更加说明你的弱点不过如此而已，而你的长处，你的可爱可敬之处，正如山阴的风景，美不胜收。那还设什么防呢？"

划重点

> 高敏感型人掩盖弱点的根源，在于他们尚未认

> 识到，世间没有完美的人，只有完整的人。所谓完整，就是阴暗与光明共存，好与坏同在，优势与不足兼有，失意与得意皆有。

自信且优秀的人，不是没有弱点的人，而是能够坦然接纳弱点的人；即便自己的某些特质不被他人认同，也不会嫌恶自己。在他们看来，身体上的残缺、能力上的不足，并不是羞耻之事，用不着用掩饰、否认等方式为自己"撑门面"，因为他们在内心深处是认同自己的。

事实告诉我们，遮掩毫无意义，除了耗费心力，再无其他用途。张德芬说过："凡是你抗拒的，都会持续。因为当你抗拒某件事情或是某种情绪时，你会聚焦在那情绪或事件上，这样就赋予了它更多的能量，它就变得更强大了。"相反，当你承认弱点的存在，不再抗拒它们的时候，这些缺陷就不会再消耗你，而你也获得了更多的力量去完善自我。

4.4 你心心念念的完美，正在吞噬你的自信

YOYO曾经把完美主义视为一个"褒义词"，认为它象征着严谨自律、优秀卓越。然而，这个"褒义词"并没有带给她多少正向的体验，反倒让她一次次落入崩溃的深坑。

当有些事情没有做好，或是没能达到YOYO预期的效果

时，她会感到很沮丧、很烦躁。她极度厌恶失败，总在试图避免这一结果的发生，可是不管怎么努力，总有些事情会不尽如人意。她追求生命的完美，不能忍受瑕疵和缺憾，可这些东西总是不经意地涌出来，丝毫不受意志力的支配。

这些负面的体验，让YOYO的人生陷入了停滞的状态。她产生了强烈的挫败感，也越发地怀疑自己、否定自己。在这种处境之下，她踏上了自我探索与学习之路，并开始了解到，完美主义与积极的正能量之间，根本不能画等号。总想把每一件事都做到100分，结果往往只能是60分。

每个人的内心深处都有着对完美的渴望，尤其是对自己在意的事情，难免会有高一点的要求。此时，完美是一种理想的状态，更像是一座灯塔，让人知道该朝着什么方向前行，带给人的是积极正向的动力。然而，高敏感者所追求的完美，更像是一个具体的目标，有一种"非它不可"的执拗与苛求，这种完美主义是消极的。

百度百科对"消极的完美主义"是这样解释的："在心理学上，具有消极完美主义模式的人存在比较严重的不完美焦虑。他们做事犹豫不决、过度谨慎、害怕出错，过分在意细节和讲求计划性。为了避免失败，他们将目标和标准定得远远高出自己的实际能力。"

划重点

高敏感者的完美主义，最突出的特点不是追求完美，而是害怕不完美。

畅销书《脆弱的力量》的作者布琳·布朗认为，消极的完美主义并不是对完美的合理追求，它更多地像是一种思维方式：如果我有个完美的外表，工作不出任何差池，生活完美无瑕，那么我就能避免所有的羞愧感、指责和来自他人的指指点点。

消极的完美主义带来的负面影响有很多，简单概括，可以总结出三个要点：

1.很难着手去做一件事，习惯性拖延，一想到中途可能遭遇失败，就会主动放弃。

2.容错率非常低，任何事情稍有瑕疵，就会全盘推倒，陷入沮丧和自我怀疑中。

3.难以接受他人的批评与挑剔，一听到不同或反对的意见，情绪就会产生波动。

每个人的时间和精力都有限，过分强调细枝末节，往往会顾此失彼：原本只是一份简单的通知，在字体、字号的调整上纠结，无意中推迟了发布的时间；制作一份销售报表，反复试用各种不同的模板，考虑字体要不要加粗，力求实现"最美"，却没有留出更多的时间核实数据……为了这些事情经常加班加点，感觉自己做了很多事，但实际的效能却很低。

伏尔泰说过:"完美是优秀的敌人。追求卓越没有错,但是苛求完美就会带来麻烦,消耗精力,浪费时间。"想把事情做好不是错,对自己有要求也是好事,人总要不断地走出舒适区,才能够锻炼出更强的能力。可是,如果要求任何时候、任何事情都必须做到极致,完全是不切实际的苛求,遭遇挫败也就在所难免了。

高敏感型人习惯凭借目标的达成情况来评价自身价值,一旦达不到自己设立的标准,就会产生强烈的情绪反应。正如弗洛姆在《自我的追寻》中所说:"如果一个人感到他自身的价值,主要不是由他所具有的人之特性所构成,而是由一个条件不断变化的竞争市场所决定,那么,他的自尊心必然是靠不住的。"

从某种意义上来说,追求完美是高敏感型人的一种自我保护机制。他们对自己提出各种高标准、严要求,不过是想证明自己是一个有价值的人;他们比常人更害怕失败,唯恐自己做得不够好,无法得到他人的肯定。

苛求完美是精神内耗的元凶之一。高敏感者该如何打破这一思维桎梏?

作家村上春树说,不管自己的状态好不好,每天都会雷打不动地写4000字。如果实在没有灵感,就写写眼前的风景。哪怕写得不太理想,也还有修改的机会和空间,一鼓作气写完第一稿,就能够给后面的修改提供基础。最糟糕的是一字未写，没有内容可修改。

村上春树的做法，就是摒弃消极的完美主义，转向积极的最优主义——不是没有更高的追求和期待，而是不被"害怕不完美"的想法束缚；不会陷入"不完美就是失败"的极端思维中，相信可以通过努力"不断接近完美"。

对高敏感者来说，怎么做才能从完美主义转向最优主义呢？

哈佛大学积极心理学与领袖心理学课程讲授者泰勒·本-沙哈尔博士提出了"3P调试法"（图4-1）。

图4-1 3P调试法

划重点

Permission——允许自己有失望沮丧的负面情绪

遇到挫败时，告诉自己这是正常的，感到失败沮丧也是正常的。人非完人，不要过度要求自己，不必非得达到100分，只要达到60分，就要给自己一些鼓励和认可。

> **划重点**
> Positive——用积极的态度,寻找潜在的价值

在已经发生的事件中,用积极的态度去寻找潜在的机会与好处。即便是失败,也可以将其视为一个学习的机会,看看是否能够从中学到点儿什么。

> **划重点**
> Perspective——用未来的视角,审视眼下的问题

高敏感者需要培养一项重要的能力,就是改变看待问题的视角。你不妨问问自己:"一年后,五年后,十年后,这件事情还这么重要吗?"试着从人生的大格局来看待问题,就像拍照时拉远镜头,视角会变大,可以看到一个更广阔的视野。

不要再为不完美的瑕疵为难自己了。你对事情的主观解释决定了它们在你眼中所呈现的样貌。很多时候,你对失败的恐慌和排斥,很容易把自己推入困境;允许不完美存在,反而更可能靠近预期的目标。

4.5　拿出一段时间,允许自己什么也不做

从进入职场开始到现在,已经整整十年,艾林几乎每天

都处在焦虑中。

她的焦虑，来自不敢让自己停下来。即使是在周末或节假日，艾林也不允许自己浪费时间。她会一直反思：今天的时间有没有被充分利用？她一直觉得，必须有事情做，无论是做家务、看书学习，还是户外活动，做什么都好，即使那些安排没有让自己体验到太多的愉悦，她仍要这么做，仿佛只有充实才是对时间的尊重。

针对这种状况带来的焦虑，艾林也尝试做了一些努力。当她感觉自己心神不宁时，会提醒自己："别太苛刻了，也得享受生活，偷懒一下没什么关系。"可是，这种自我安慰只有短暂的疗效，很快她又会为无所事事感到焦虑，脑子里冒出一堆乱七八糟的想法。

艾林的焦虑，来自她为生活设置了太多的"必须"程序，总觉得必须充分利用每分每秒才有意义，否则就是浪费生命。从心理学上说，这些"必须"的想法属于一种不合理信念，源于一种绝对的要求或命令——无条件、应该和义务。

对自我有着严苛要求的高敏感者，很容易萌生"必须"的错误信念。这种绝对化的要求，有时是针对自己，有时是针对他人或外部环境。

女孩J与妈妈相依为命，母亲将所有的期待都寄托在她身上，并让她按照自己的要求长大——苦练钢琴，为了获奖，不惜让手指磨出茧子甚至流血；举止端庄，时刻保持淑女的姿态。大到人生抉择，小到穿衣装扮，J没有任何选择权和决策权，有的只是无条件执行。

J原本就是一个"兰花型儿童"，生活在压抑的单亲家庭中，她不仅要接受来自母亲的各种情绪和压力，还要背负不被理解和共情的痛苦。在先天因素与后天环境的综合作用之下，J渐渐地患上了严重的心理疾病。在感到焦虑和愤怒时，她会偷偷地暴饮暴食；过后又会憎恨毫无控制力的自己，且因为害怕发胖，便以抠吐的方式来缓解这种不适，找回心理平衡。

妈妈并没有意识到自己的所作所为给J造成的伤害。她在遭遇丈夫的抛弃后，一方面希望避免女儿重蹈自己的覆辙，另一方面将未实现的人生理想寄托在女儿身上。一旦女儿不遵守她的命令和要求，她就会感到愤怒，甚至对女儿动手，而后又感到懊悔，声泪俱下地说："我这么做都是为你好……"

J的妈妈经营着一家美容院，她在事业上很要强，每天出门前都会对着镜子勉强地挤出一个微笑。她总是暗示自己说："我必须精神饱满，必须展示出自信和坚强。"她潜意识里认为，沮丧是不对的，消极是不好的，脆弱是会被人嘲笑的。

这样的一对母女，令人心疼，也令人唏嘘。她们有各自的心理症结，若要彻底扭转现状，还有很长的路要走。在现实生活中，"绝对"和"必须"这样的信念经常会把人推进死胡同，因为它是一种硬性要求，没有弹性，只允许事物存在一种可能性。

实际上，生活中没有那么多"必须"的事，尤其是道德和法律之外的许多问题。这个词语，不会给我们带来更高的成就，反而会榨干我们的能量。如果你的生活中也被大量的"必须"侵占，请你试着把它们删除，替换成另外一个词语——"可以"。

划重点

"可以"，代表你有权利、有能力和义务去选择做什么，什么时候做。"可以"比"必须"更加自主。你不用强调自己一定要做什么，你完全可以在了解潜在的选择之后，抛弃自责和内疚的影响，去判断哪些想法是最适合自己的。

人有追求是好的，但用不着时刻给自己上一根"必须"的发条。退出"必须"程序，回到生活最原始的桌面上，上班工作、读书写字、休闲娱乐，甚至拿出一段时间，什么事情都不做，你"可以"选择。当然，对于高敏感者来说，这并不是一件容易的事。下面有一个关于"删除必须思维"的自由练习，可能会对你有所帮助。

Step 1：扪心自问

- 为什么我认为自己"必须"做某些事情？
- 是谁掌控着指挥权？
- 如果我没有做那些"必须"的事，会发生什么？

在这个过程中，你可能会认识到，真正强迫你的人是自己，是你认为自己有义务去做某些事。除了法律法规、伦理道德要求的事情，生活中没有任何必须去做的事，你所认为的"必须"多半是自己强加的限制。

Step 2：深入思考

- 我是怎样允许这种想法产生的？
- 影响我的根深蒂固的信念是什么？
- 是从什么时候、什么事件开始，我有了这样的想法？

在这个过程中，你可能会发现，过往的某些事情导致你产生了不合理的信念。

Step 3：练习说"不"

当你的脑海里冒出"必须"的念头，或是别人在这样说的时候，你要有所觉察，并且试着对它们说"不"，告诉自己没有绝对必须的事情。

在这个过程中，你可能会遇到一些困难，比如：没办法对某件事情说"不"，因为不做这件事的话，你可能会更加焦虑。面对这样的情况，不妨告诉自己：我已经认同它了。这样的话，你在做这件事时就会减少不甘和抵触情绪。

Step 4：替代"必须"

用其他词语替代"必须"，如可能、也许、想要/不想要、更喜欢/不喜欢、偶尔、决定要/不要、愿意等。

在这个过程中，你会发现，很多事情不是绝对的，它们有诸多的可能性，而你也有诸多的选择。在灵活地表达想法时，你也能够更加明晰自己的感受和需求。

4.6　不要用苛刻的标准评判自己的行为

高敏感的人容易心累，是因为总拿高标准来评判自己的行为。他们给自己设置了一系列要遵守的规则，而这些规则大都是在过往的经历中习得的。他们认为，自己必须按照那些规则行事，哪怕有些规则已经过时，对现在的自己不再适用。

不难想象，为自己设定一堆超高的标准，再用这些高标准来评判自己的行为，结果往往都是挫败性的。就像我们知道的那样，没有人可以永远热情友好、善解人意、乐于助人、关心他人……对于高敏感者来说，这种要求更是苛刻。它会迅速消耗掉他们的精力，心累也就成了必然。

划重点

高标准往往是和低自尊联系在一起的，从某种意义上来说，高标准是低自尊的一种补偿策略。越认为自己不值得被爱，越会努力去遵循高标准，试图让自己值得被爱。

有些高敏感的人在成长过程中总是被指责,因此养成了"过度自省"的习惯,宁愿责备自己也不想被人批评,总觉得自己要为他人的责任买单。遗憾的是,高标准与低自尊总是相互强化。达不到高标准,会对自己感到失望,对自己产生负面的评价;达到了高标准,也无法确定别人究竟是喜欢自己这个人,还是喜欢自己的表现,只能继续维持甚至提高原有的标准。结果可想而知,不是疲惫不堪就是自我否定,简直就是一个恶性循环。

哈佛大学心理研究中心的资深教授布拉德·乔伊斯认为:自我评价是人格的核心,它影响到人们方方面面的表现,包括学习能力、成长能力与改变自己的能力,以及对朋友、同伴和职业的选择。不夸张地说,一个强大、积极的自我形象,是为成功所做的最好准备。相反,真正会打败我们的,不一定是外界的环境和事件,而是消极的信念与自我评价。

如果你无法对自己做出客观的评价,总是低估自己、怀疑自己,那就很难做到自尊与自爱。原因很简单,想要的不敢去争取,因为觉得自己不配得;有机会不敢去争取,因为不相信自己有能力做到,害怕失败;看不到自己的长处,甚至经常拿自己的短处去跟别人的长处比较,强化内心的消极信念。

每个人都不完美，个性特质也不尽相同，但这并不妨碍我们相信自己、肯定自己。问题的关键在于，我们是否看到了真实的自己，是否敢去面对真实的自己，并超越自己。你可能长得不够漂亮，但你心思很细腻，善于共情他人；你可能有点孤僻，但头脑冷静，可以帮朋友理性分析问题……高敏感的你是独特的，有自己的优势和短板，你可以活出最好的自己。

4.7 灾难化思维出现时，中断消极推演

L入职了一家新公司，正式开启了转行生涯。现在从事的业务，跟她之前的工作内容大相径庭，有许多要学习的东西，这不免让L感到焦虑。她总是担心自己在工作中出错，害怕被领导指责能力不足。

带着这样的顾虑，L每天在公司里都战战兢兢。周五那天，领导约了下午3点见客户，走之前跟L说："下班时你等我一会儿，有点事情跟你说。"就这一句话，让L的心跳到了嗓子眼儿。她感觉自己的腿都有点儿软了，脑子里一片混乱，根本无心工作。

L心里琢磨："为什么要我留下来？难道是因为我的表现让他不满意？还是他觉得我不适合这份工作？天哪，肯定是

看我对业务不熟悉，影响了部门的效率，想找一个更有经验的人替换我。"她越想越害怕，脑子里开始想象那一场即将到来的灾难，甚至能够想象出领导跟她谈话时的表情。

L越想越焦躁不安，她觉得自己马上就要失业了。想到失业这件事，她心里又莫名地难过起来："我已经32岁了，早不是吃青春饭的年纪了，凭借现在的条件重新找一份工作也不容易，难道还要走原路？唉，生活怎么这么难呢！"

就在这时，同事在电脑上发来消息："L，有一笔款需要财务那边提前结账，你去处理一下吧。"有任务落到自己身上，也顾不得那么多了，就算被解雇，也要站好最后一班岗。想到这里，L松了一口气，就到财务那边处理结款事宜了。

事情办完后，L的心突然又一紧，时间已经临近下班点了。她忐忑不安地回到办公室，领导果然已经回来了，而其他几位同事也陆续离开了。L小心地询问领导："有什么事情交代？"那一刻，她在等着最后的宣判。然而，领导只是轻描淡写地说了一句："哦，没什么，就是上次你谈的那个客户，近期说再订一些货，你跟进一下。"

L瞬间觉得头顶上的那片乌云散开了，而后松了一口气。

领导只是说有事找L谈，她却主观地对这件事情进行了消极解读，不停地想象领导要解雇自己，在焦虑中浪费了一下午的黄金时间。这是高敏感型人的一大特点，经常把一些事情的负面后果无限夸大。这种思维方式是有问题的，它在心理学上叫作"灾难化思维",很容易诱发焦虑和抑郁,毁掉原本正常的生活。

划重点

灾难化思维,就是想象消极事件的最坏结果,将事情的后果灾难化,甚至对将来不可能发生的事情也做最坏的打算,无限放大消极事件产生的负面影响。

很多事情没有那么可怕,甚至是无关紧要的。如果把这些问题视为无法抵御的灾难,时刻保持警惕,关注微小的变化和征兆,高估坏结果发生的概率,就会终日诚惶诚恐,产生许多预期焦虑,甚至出现严重的恐慌心理。不仅如此,灾难化思维还容易让人顾影自怜,错失解决实际问题的机会和动力。

划重点

灾难化思维的陷阱很容易觉察,当我们用"没什么""永远不会""总是""所有人"等绝对化的词汇或表述来进行逆境思考时,就是将逆境灾难化了。

如何才能走出灾难化的思维陷阱呢?

○ 用积极信息对冲消极信息

高敏感者容易关注消极面，看到花开，随即想到花落；开始恋爱，随即想到分道扬镳……这是一种自我保护机制，但时间久了，就会扭曲认知。毕竟，你关注的消极内容不是全部的事实，只是一部分或一种可能。你要不断强化积极的信息，让认知重新获得平衡。

换句话说，感受到负面信息不是敏感特质的错，真正导致痛苦的是对信息的选择和认知。所以，在认知加工之前，要及时给自己补充积极信念，不放任自己径直走向消极。

○ 及时中断灾难化思维

高敏感者拥有丰富的想象力，常常会冒出各种各样的灾难化思绪，遇到问题很容易想到最坏的结果，坠入惶恐不安之中。当灾难化的想法冒出来时，高敏感者要立刻打断它，提醒自己："如果最坏的情况真的发生了，到时候再想办法解决也不迟，现在还尚未发生。"

○ 从无效思考转向深度思考

如果不能阻止大脑进行思考，那就努力减少无效思考，让思考变得有意义。你可以试着梳理一下自己的思绪：我到底在想些什么？我的想法对不对？有没有分析和判断的依据？可能发生的结果是什么？发挥深度思考的优势，把问题想透彻，可以有效地缓解焦虑。

有人形容说，高敏感者身上有一个"开关"，利用好这个开关去选择对自己有价值的信息，可以显著减少负性思维的影响，找到让自己感到舒适的状态。这个形容还是挺恰当的，走出灾难化思维的陷阱，减少了无谓的内耗，自然会轻松不少。

CHAPTER 05 怎样平息内心的情绪风暴

| 自救指南 | 不再强迫自己情绪稳定，是获得情绪自由的开始 |

5.1 为什么高敏感者的情绪反应强烈

"为什么我的情绪总是像过山车一样？"

"我真是太差劲了，情绪敏感到让自己都感觉不可理喻！"

"怎样才能培养自己的钝感力？"

"为什么别人可以快速平复的情绪，我却很难消化？"

高敏感的你，对于这些想法和感触是不是很熟悉？对情绪的过度敏感，常常让你对自己、对他人、对事件产生误读，让原本已经存在的负面情绪和压力又叠加一层。你甚至一度想过，要是能把情绪戒掉就好了。

如果你有这样的想法，那你可能还没有意识到，自己已经站在了情绪的对立面。渴望戒掉情绪的想法背后，其实隐藏着一种假设：情绪是一个不好的东西，总是频繁地出状况，它让我的身心饱受煎熬，给我的生活带来了困扰。

为什么高敏感者的情绪反应如此强烈呢（图5-1）？

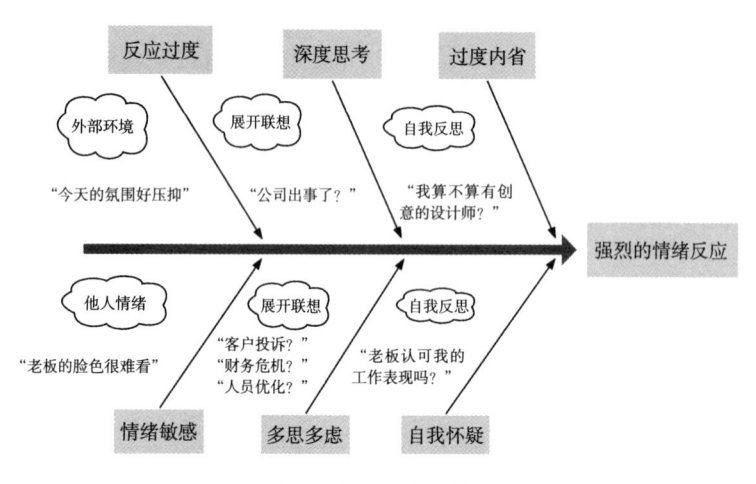

图5-1 为什么高敏感者情绪反应强烈

高敏感型人情绪反应强烈，一方面是因为他们对外界刺激（环境变化和他人情绪）比一般人更敏感，同时也更关注内在的情绪与感受；另一方面是因为高敏感者有深度思考的倾向，总是忍不住去反思和分析情绪的来源，无法快速地将注意力从负面情绪中解脱出来，这就致使他们需要更长的时间来处理和消化情绪；加之高敏感者容易过度自省，继而导致情绪进一步被放大。

在这个信息爆炸的时代，网络上充斥着大量关于"掌控情绪"的文章，高敏感者在接触到这些信息时，内心的焦虑感和羞耻感会陡增，觉得自己做得太差。因此，当他们被不断出现的复杂情绪淹没时，会试图用理性去控制情绪。

那么，理性真的可以驾驭情感吗？很遗憾，这只是一种理想化的期待。

"人工智能之父"马文·明斯基指出:"理智与情感,或者说理性与感性,是不同类型大脑活动的产物,使用的是不同层次的大脑资源。"大脑的活动,按照使用资源的方式和复杂程度来区分,可以分成三个层次,分别对应大脑的三层结构(图5-2)。

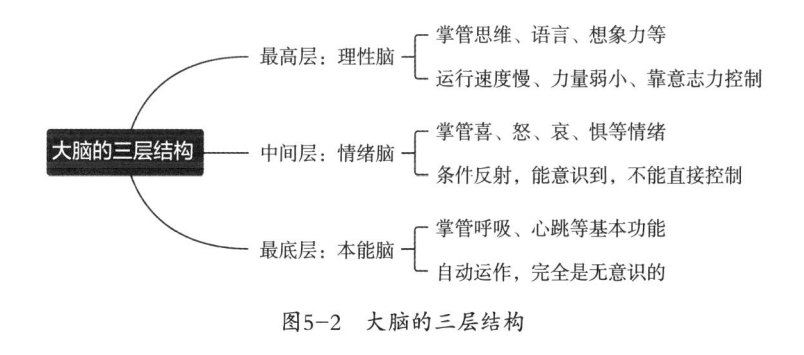

大脑的三层结构
- 最高层:理性脑
  - 掌管思维、语言、想象力等
  - 运行速度慢、力量弱小、靠意志力控制
- 中间层:情绪脑
  - 掌管喜、怒、哀、惧等情绪
  - 条件反射,能意识到,不能直接控制
- 最底层:本能脑
  - 掌管呼吸、心跳等基本功能
  - 自动运作,完全是无意识的

图5-2 大脑的三层结构

情绪与理性动用的大脑资源是两个不同的层次,我们可以依靠意志力来控制理性脑的活动,却无法直接控制情绪脑的活动。理性与感性的碰撞不可避免,理性总是无奈地败下阵来,越是想要克制某种本能的欲望,越会遭到强烈的反击。

5.2 情绪不是你的敌人,而是你的信使

"我为我的情绪波动、愤怒、激动和眼泪感到羞耻,责备自己无法'冷静'、不够'理性',做不到'心静如

水'。过度的反应，拖着我的情绪，就像给身上拴了沉重的铁链。我随时随地都可以感受到它们——过度情绪化、过度感情用事、过度反应、极端化……"

高敏感型人经常会感受到情绪的强烈波动，也被他人明里暗里地指责过"太情绪化"，并为此感到焦虑、羞耻，恨不得把情绪都戒掉，成为一个"不动声色的大人"。可我们知道，理智是无法战胜情绪的，而且情绪是不可能被戒掉的，也没有必要戒掉，因为它是人类正常的心理和生理反应，是我们与外部世界的一个重要连接。

马克·威廉姆斯在《穿越抑郁的正念之道》中解释说："情绪不存在好坏、对错之分，它是一种面对外部刺激而产生的内在心理过程，它的产生就像我们看到黑板感到黑色一样自然。它在主观体验层面上的细微差别是由每个人的独特性所决定的。所以，评价一个人是否应该产生某种情绪，是一件很荒谬的事情，但人们却热衷于此。"

选择跟情绪对立，往往是因为我们对情绪缺少了解。

情绪是折射现实的一面镜子，那些让我们感觉不舒服的消极情绪也一样。要是照镜子的时候，你看到自己的脸上有一块污渍，你会选择擦脸还是擦镜子？这几乎是不用思考的问题。为什么到了情绪这里，却要把情绪本身当成问题，试图消灭它呢？情绪是一面反映现实情况的镜子，是一个具有提醒意义的信号。

碰到危险的刺激时，害怕的生理反应和心理感受瞬间就会冒出来，促使我们有更多的能量产生警觉或逃走；有外人侵犯我们时，怒喝可以吓退敌人或争取到生存的空间。同时，情绪也是情感的一部分，正因为有情绪，才有了丰富多样的情感生活。

每一种情绪的存在都有其价值和意义，每一个能被感受到的情绪都是一个信使，向我们传递着特别的信息。那么，情绪里都包含着哪些信息呢？

划重点

情绪传递着个体的观念系统。

人的基础感知是相近的，即便视力、听力、嗅觉存在差别，但对于冷热、酸甜、香臭的感知，并不会差得太离谱。人与人之间最大的差异，更多地体现在观念系统或价值系统上。关于什么是对、什么是错、什么是好、什么是坏，不同的人有不同的认知和看法。这就意味着，在面对不同的情境和问题时，情绪可以反映出你的价值观念。

划重点

情绪传递着个人应对问题的模式。

几乎所有的情绪都是个性化的，在相同的情境中，不同的人会产生不同的情绪。面对他人的负面评价，有些人完全不在乎，依旧我行我素；有些人则焦虑不安，试图用讨好的方式让别人对自己改观。所以说，情绪也传递出了你应对问题的模式。

划重点

情绪传递出个人未被满足的需求。

马斯洛需求层次理论指出，人有五种基本需求，即生理需求、安全需求、社会需求、尊重需求和自我实现需求。无论哪一个层次的需求没有得到满足，人都会产生消极情绪，但不是所有人都能够看见情绪背后的需求。

早上来到公司，高敏感的Anna跟上司打招呼，对方没有回应，且脸色很难看。Anna内心忐忑不安，猜测领导是不是对自己有意见。这种焦虑和怀疑折射出的就是一种不安全感，隐藏着自尊方面的问题。Anna渴望获得外界的积极回应，从而感受到自身存在的价值。可是，Anna没有意识到这一点，她把关注点放在了对抗焦虑情绪上。于是，在午餐时间，她用暴食的方式换取了短暂的安慰。

很多时候，给高敏感者造成困扰的并不是情绪本身，而是与情绪之间的对立状态，以及对自我的否认态度。情绪的出现不是为了让生活更艰难，是为了告诉你一些事情，提醒你改变当下的某一种状态。任何一种情绪，若是能够被妥善利用，都可以让人生活得更好。所以，与其费尽心思地想要戒掉情绪，不如和情绪建立起一种健康的关系。

现在，你可以选择一种自己经常会体验到的消极情绪，然后根据下面的步骤完成练习：

1.明确经常困扰你的消极情绪是什么。

2.承认有这种情绪并不是坏事，想想它是怎样来了又去，而你并未持续沉浸其中。

3.记住这种情绪，留意它是怎样一次次在你生活中消退的。

4.你可以从这种情绪中学到什么？它想提醒你什么？你是怎样利用它促进自我成长的？

5.这种消极情绪是怎样对你产生不良影响的，甚至一度让你感觉永远无法摆脱？

6.是什么让你感觉自己需要认同这种消极情绪，或是与之相关联的事件？而事实上，你本可以摆脱它。

7.记住，这种负面情绪会让你的视野缩小，限制你的潜力。

8.回忆你是如何吸引更多消极情绪的。

9.分析你是如何通过添加自己的想法和判断加剧情绪痛苦的。

10.重新确认一下，消极情绪只是存在于脑海中，现实世界没有任何问题。

5.3 越想摆脱消极情绪，感觉越是糟糕

多数人脑海里都有一种约定俗成的观念，即在公共场合表达愤怒或悲伤是"不好"的，要呈现出"感觉良好"的状态。这种观念可能来自家庭教育，也可能来自世俗对负面情绪的偏见。总之，它让很多人害怕承认某些情感，试图消除某些情绪，一旦做不到，就会产生自责与痛苦。情绪反应比普通人更为强烈的高敏感者，更是经常与自己开战。

埃克哈特·托利在《当下的力量》中写道："情绪通常代表一种被放大了的极其活跃的思维模式，由于它有巨大的能量，你很难一开始就观察到它。它想要战胜你，并且通常都能成功——除非你有足够强大的觉察当下的能力。"

用压抑、克制、回避的方式与情绪作战，试图摆脱它的纠缠，平复内心的波澜，许多高敏感者都曾做过这样的努力。可是，情绪就像是拥有魔力，你越想挣脱，它把你裹得越紧。在这样的处境之下，高敏感者往往会更加痛恨消极情绪，认为它是摧毁平静生活、破坏美好的元凶。

如果我告诉你：这一切并不都是消极情绪的错，那个赋予它强大力量的人，恰恰就是看似无辜且正在饱受煎熬的你，你是否会觉得难以置信？但，事实真的如此。

划重点

思维和情绪会相互作用，彼此"赋能"，形成

恶性循环。思维模式以情绪的方式为自己创造了一种放大的反应，而情绪的变化莫测又不断地为最初的思维模式注入能量。

处在**积极**的情绪状态中，你可能会有这样的想法和感受：
- ☑ 周身充满了力量
- ☑ 对所做的事情抱有信心
- ☑ 愿意走出舒适区迎接新的挑战
- ☑ 充满了创造力
- ☑ 心理承受力变得更强
- ☑ 倾向于从积极的视角看待问题
- ☑ 相同境遇下，更容易产生积极的情绪

处在**消极**的情绪状态中，你可能会有这样的想法和感受：
- ☒ 对所做的事情缺少信心
- ☒ 害怕承担具有挑战性的项目
- ☒ 做任何事情都提不起精神
- ☒ 很简单的任务也会拖延
- ☒ 抗挫能力明显下降
- ☒ 倾向于从消极的视角看待问题
- ☒ 相同境遇下，更容易产生消极的情绪

有没有发现，情绪和思维是相互影响的？处于消极情绪状态中，更容易产生消极的想法，而这些消极想法又会加深

消极情绪。消极情绪与自身经历的契合度越高,就越不容易摆脱,体验的次数多了,就会成为一种自动反应(图5-3)。

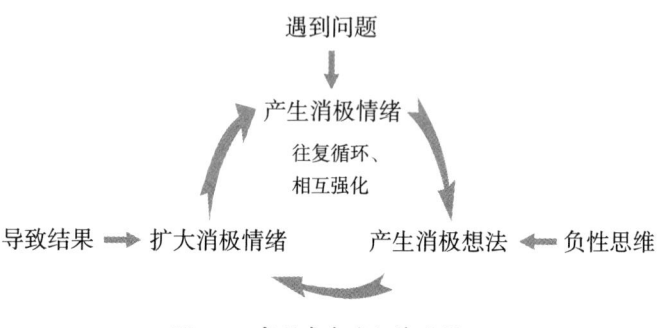

```
              遇到问题
                 ↓
            产生消极情绪
         ↗              ↘
        ↑   往复循环、
        ↑   相互强化
导致结果 → 扩大消极情绪    产生消极想法 ← 负性思维
              ←
```

图5-3　高敏感者消极情绪循环

在某互联网公司任职的乔,敏感又自卑,遇到问题习惯自责(思维模式)。所以,她遭遇的情绪困扰,往往都是细碎微小、刺痛感又很强的。比如:"昨天我在会上发言后,总裁皱了一下眉头,没有发表任何评论,就让下一位同事继续了。我心里很不舒服,总怀疑是自己说错了话……"产生这样的想法后,她的自卑感又加深了。

心理学研究表明,自尊水平高一些的人,心理弹性较好,可以平稳地应对拒绝、失败或压力。如果自尊水平较低,对于拒绝或失败,会产生明显的痛苦体验,容易焦虑和抑郁,抗压能力差,甚至会出现与压力相关的不良躯体症状。

乔的情绪困扰与自卑有关。在会上发言后没有得到总裁的及时回应,成了她的"情绪触发点"。一向自卑的她,脑海里直接冒出了自我怀疑的消极想法：我是不是说错了话？在这之后，可能还会有一连串的自我否定——如果是那样的话，那我真是太粗心、太笨了！连这点事情都做不好！这些消极的想法，又进一步强化了她的自卑情绪。

高敏感者应该听一听埃克哈特·托利的忠告："你的大脑总是倾向于否定或逃避当下。事实上，你的大脑越是这样做，你遭受的痛苦就越多。如果你能尊重和接受自己现在的状态，那么你的痛苦也会随之减少——你将摆脱大脑的控制，从你的思维中解放出来。"

5.4　你的情绪无法定义你，你只是在体验它

情绪是一种暂时性的体验，用抵抗的态度去阻止消极情绪，回避对自我不接纳的痛苦感受，对高敏感的你毫无益处，只会激发更恶劣的情绪。你可能也有过这样的体验：对自己产生了负面想法且感觉自己很糟的时候，情绪就像是被锁定在了胃部那里，产生一种沉甸甸、略带恶心的感觉。那么，到底该以什么样的姿态与情绪相处呢？

划重点

蒂博·默里斯在《情绪由我》中写道："不要过分执着于情绪，就好像你需要依赖它才能生存一样。不要轻易认同情绪，就好像它真的可以定义你

一样。请记住，情绪来来去去，而你依然是你。"
这是一个值得铭记的忠告，也是一个与情绪相处的良方。

你不是你的情绪，你只是在体验它。如果悲伤的情绪可以代表你，那么你生命中的每分每秒都应该是悲伤的；但你也发现了，即便经历过许多不如意，乃至在某一时刻感觉全世界都是灰暗的，可是悲伤的情绪并没有一直持续。焦虑、抑郁等情绪也一样，你并不是时刻都处在焦虑或抑郁之中，这些情绪更像是来来去去的过客。你的情绪是真实的，但它们无法定义你。你需要和你的情绪保持健康的距离。

假设你产生了消极的情绪，你可以用这样的方式来描述：

○ "我正在体验焦虑的感觉。"
○ "我意识到愤怒正在内心里翻滚。"
○ "我能感觉到羞耻向我走来，要将我淹没。"

你是情绪的体验者、见证者，情绪不能代表你。这样的描述，能够给你留出心理空间，让你从情绪中抽离。

5.5 情绪ABC理论：警惕不合理的惯性思维

某情感栏目的主播几次邀请Nina做线上社群活动，都被Nina拒绝了。对于这件事，Nina的第一反应是"我可能做不好"。于是,她以还需要学习和准备为由推辞了邀请。

直到有一次,Nina参加了一个心理工作坊,活动中有人分享了和她相似的感受:"我觉得自己是一个新手咨询师,对独立做咨询这件事没底,害怕做不好。"

Nina这才发现,原来在面对不熟悉的事情时,不只是自己会逃避。其原因是内心存在着这样的信念:"我是不好的""我没有能力""我不行"。随着活动的深入,Nina开始跟随导师一起利用"情绪ABC理论"来调整自己的想法。课程结束后,她主动拨响了那位情感主播的电话,说愿意尝试一下做线上社群活动。

在认知疗法中,美国心理学家埃利斯创建的情绪ABC理论(图5-4)是最具代表性的。

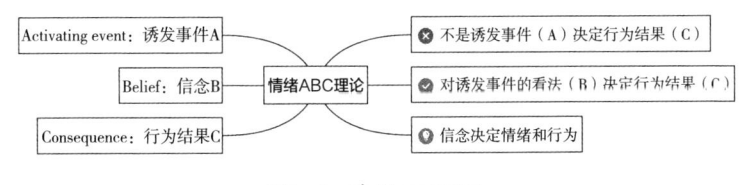

```
Activating event:诱发事件A ┐              ┌ ✗ 不是诱发事件(A)决定行为结果(C)
Belief:信念B          ──┤情绪ABC理论├── ✓ 对诱发事件的看法(B)决定行为结果(C)
Consequence:行为结果C ┘              └ ● 信念决定情绪和行为
```

图5-4 情绪ABC理论

划重点

情绪ABC理论认为,直接决定情绪和行为的不是诱发事件,而是对事情的看法。事情往往是难以改变的,可是对事情的看法可以改变;改变了信念,就改变了情绪和行为。

对于做线上社群活动这件事情，Nina最初的信念是"我不行，我做不到，我怕会搞砸"，这让她产生了恐惧的情绪，所以她拒绝了。当她调整信念，想到"每个人面对挑战都会感到恐惧和紧张，我的反应是正常的。我可以多做一些准备，即便做得不够好，也是一次学习的机会，也许我比想象中更有潜力"，这种积极的、客观的认知，减少了Nina的恐惧和自我怀疑，让她接受了全新的挑战（图5-5）。

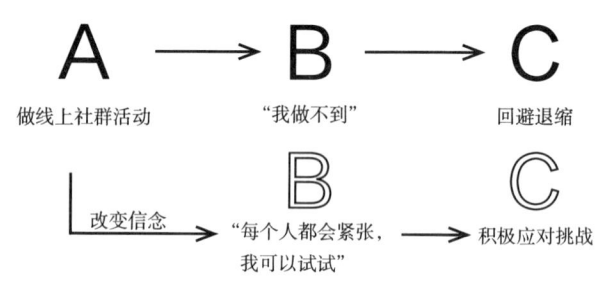

```
A  ──→  B  ──→  C
做线上社群活动   "我做不到"    回避退缩
   │
   │改变信念    B          C
   └────────→ "每个人都会紧张， ──→ 积极应对挑战
              我可以试试"
```

图5-5　Nina的情绪调节过程

看到这里，你可能会提出疑问：既然是对事情的看法决定了情绪和行为结果，那能不能一开始就直接从积极的、客观的视角去看待诱发事件呢？

这是一个理想的状态，可在现实中不太容易实现。当我们遇到诱发事件时，它通常不会直接导致生理、情绪或行为上的反应，而是先通过信念再达到行为结果。我们的信念不总是合理的，而根植于无意识的不合理信念是难以改变的。

> **划重点**
>
> 认知的产生过程有两种：一是有意识思维，二是自动化思维（图5-6）。

有意识思维，就是有意识地、主动地思考，如分析事情的利弊、制订工作计划等。由于经过了思考，因而这种认知相对理性，但也有可能产生不合理的认知。

自动化思维，就是无意识地、不带意图地、自然而然地思考，是人类与生俱来的机能，其适应性价值是让我们更轻松地生活。毕竟，如果对任何事都要进行有意识的思考，就太辛苦了。

```
                   ┌─ 有意识思维 ─┬─ 主动分析思考，相对理性
                   │              └─ 存在产生不合理认知的可能性
认知的产生过程 ─────┤
                   │              ┌─ 直觉式思维 ─┬─ 即时反应
                   │              │              └─ 理性成分少，不合理成分多
                   └─ 自动化思维 ─┤
                                  │              ┌─ 在某种情况下自动出现
                                  └─ 习惯性思维 ─┤
                                                 └─ 不刻意识别的话，难以觉察
```

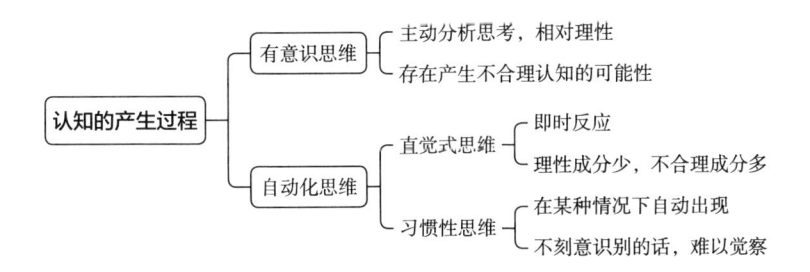

图5-6 认知的产生过程

> **划重点**
>
> 自动化思维分两种形式：一种是直觉式思维，另一种是习惯性思维。

○ **直觉式思维**

人在面临全新的、不太熟悉的事情时，往往会产生一种即时反应，就是未经过有意识的思考，迅速地产生一些碎片化的想法或看法。与有意识思维相比，这种思维的理性成分少、不合理成分多。

M刚刚入职，邀请同组的一位同事吃饭。对方简单地回应说："抱歉，正忙，今天没时间。"M立刻想到同事是不是不太喜欢自己，所以才会拒绝。为了这件事，M郁闷了半天。其实，同事是真的在忙，领导让他当天务必把活动策划的PPT做完。所以，M的直觉式思维与事实并不相符，却实实在在地影响了他的情绪。

○ **习惯性思维**

在某些特定的情况下，习惯性地自动出现的认知和想法。由于是自动出现的，所以不刻意去识别的话，很难觉察得到。

自动闪现的认知，可能来自书籍报刊，也可能来自他人的影响，还可能是自己思考的结果。在某种情况下，某一认知反复出现，慢慢就形成了习惯性思维。只不过，他人的观点未必都是合理的，自己思考得出的认知也可能是片面的、不符合实际的，所以习惯性思维也可能存在不合理的方面。同时，又因为它是自动闪现的，我们很难觉察，就会把它视为理所当然的正确结论去运用，不会想到去质疑它是否合理。

莉莎总是压抑自己的情绪，即便心里很难受，也选择独自承受。从她记事起，妈妈就在她哭的时候厉声指责："哭是无能的表现！"这句话已经刻印在了莉莎的脑子里，因此每次受了委屈时，她都强忍着眼泪，遵循着母亲的"教诲"。

莉莎还没有认识到，哭是表达情绪的一种常用方式，与自身能力、自身价值毫无关系。只有真正认识到这一点，改变之前的习惯性思维，她才敢在人前暴露自己的真实情绪。

费斯汀格法则指出，生活中的10%是由发生在你身上的事情组成，而另外的90%则是由你对所发生的事情如何反应所决定。高敏感者须谨记这一点，生活里有10%是我们无法控制的，而剩下的90%掌控在自己手里。在情绪的问题上，你能够做的就是觉察非理性的认知，尤其是不合理的习惯性思维；当习惯性思维改变了，情绪和行为结果也就改变了。

5.6 找出你的情绪触发点，用同情替代自责

对高敏感者来说，总有一些特定的情境、特定的人或事

件会让自己产生强烈的情绪，以至于无法控制自己的感受和反应，这就是所谓的"情绪触发点"。

在遇到"情绪触发点"时，高敏感者的情绪会出现极大的波动，或许前一秒还很心平气和，下一秒却变得惊慌无措，陷入一种破坏性的情绪中，没办法通过逻辑和理性让自己恢复平静。更糟糕的是，有时你完全不知道是什么触发了强烈的情绪反应，就像有些高敏感者所说的："一觉醒来，情绪直接坠入谷底。"

每个人都有自己独特的情绪触发点，有些高敏感者很在意别人的回应，每当对方不能及时回复消息时，他们就会变得"歇斯底里"；有些高敏感者特别紧张在人前讲话，一旦置身于那样的情境，大脑就变得一片空白，时常因恐惧而退缩。

划重点

情绪触发点与个体的成长环境、生活经验、家庭教育等有关，当情绪反应"不合逻辑"或"不合常理"时，通常意味着潜意识里的记忆受到了刺激。

情绪触发点犹如一把钥匙，可以打开尘封的记忆抽屉，那个抽屉里存储着令人不悦或难以忘怀的记忆。这段记忆是深刻的，可能包含视觉、听觉、触觉等多种感官信息。其中可能还包含你的感想、你对自己的批判、你对他人的爱憎……甚至它也可能是说不清道不明的一个梦境，却让你心跳加速、胸闷，产生一种不安全感。总之，当这个抽屉被打开时，你会像孩子一样，脆弱而无助。

你可能会为这样的情绪反应感到自责、羞愧，想要控制自己的情绪，可最终的结果是，你遭受了双重的折磨，既要忍受情绪本身带来的不适感，还要承受对这种情绪的批判、责备和抗拒。现在，你应该知道了，自责无法给你带来任何帮助，它只会把你拉进更黑暗的角落，让你难以接纳自己。与之相对，自我同情才能给你带来安慰，帮助你恢复平静。

具体而言，高敏感型人该如何应对自己的情绪触发点呢？

划重点

检视你的情绪触发点

回顾过去一个月内，曾经出现过如下情绪的情境（至少各列三项）：

- 当＿＿＿＿＿＿＿＿＿＿＿＿＿时，我感到难过。
- 当＿＿＿＿＿＿＿＿＿＿＿＿＿时，我感到生气。
- 当＿＿＿＿＿＿＿＿＿＿＿＿＿时，我感到害怕。
- 当＿＿＿＿＿＿＿＿＿＿＿＿＿时，我感到厌恶。
- 当＿＿＿＿＿＿＿＿＿＿＿＿＿时，我感到疲惫。

这样的一番回顾，可以让你知晓自己在什么情境之下，容易出现强烈的情绪反应。这个情境（事件），很有可能就是你的情绪触发点。下一次遇到类似事件，或是将要面对类似情境时，你可以有所准备。

> **划重点**
>
> 思索你的核心价值观

核心价值，就是心中那些根深蒂固的想法和观念。它们构成了"我是我"的基础。核心价值观不太容易改变，如果有人（包括自己）的言行违背了自己的核心价值，愤怒的情绪就可能会爆发。

如果你十分在意诚信，那么当有人欺骗你时，你就可能情绪失控。这些对你而言很重要的信念，通常就是触发情绪的导火索。所以，你要思索一下自己的核心价值观。

你可以尝试问问自己下面这些问题：

- 我认为一个人应当表现出的理想特质是什么？
- 对我来说，生活中有哪些价值和规范是很重要的？
- 我欣赏的偶像身上有哪些优秀的品质？

把你的答案汇总起来，会看到一连串的词语，这些就是你的核心价值。当你了解了自己最看重什么东西，坚信什么理念，你就能更好地发现自己的情绪触发点。

> **划重点**
>
> 安抚你的内在小孩

当你感觉到一种强烈的情绪涌上来时，试着做5次深呼吸。如果可以的话，找一处安静的地方，给自己几分钟的时间，和自己进行一场对话。

- 我的身体里是谁在感觉难过/愤怒/羞耻？
- 我现在感觉自己几岁？
- 是有哪些需求没有得到满足？

当你反应过度时，不要用评判的眼光去看待自己，而要意识到自己正处于小孩模式。同时也要认识到，除非作为成年人的你好好去照顾他，否则这个内在小孩是很难感到安全的。所以，你要尽可能温柔地对待自己，尝试对自己说："我知道你很生气/难过，抱歉之前没有人陪着你，我能理解你的感受……"

划重点

告知他人你的"情绪雷区"

你可以开诚布公地把自己的情绪触发点告诉周围的人，让他们知道你不喜欢、无法接受哪些事情，恳请大家避开你的"情绪雷区"。这样一来，不但自己免受负面情绪的困扰，也不用因为别人不知情误闯雷区，闹得不愉快。

5.7 当恐惧来袭，试着用驾驭的方式应对

假设你很害怕水，朋友知道学习游泳对你是有益的，很

想帮你克服对水的恐惧。于是，朋友直接把戴着浮板的你扔进了游泳池，对你说："勇敢地面对你的恐惧，你一定能打败它。"

你觉得这种做法靠谱吗？能够帮你克服对水的恐惧吗？想必很难。

其实，这样的假设并没有脱离实际。高敏感者有多思的习惯，遇到事情容易产生负面的联想，因而很容易陷入焦虑与恐惧。他们可能会认为，战胜内在恐惧的唯一方法就是迎头去面对。实际上，这样的做法并不理想，它往往会导致两种负面后果：第一，打击自信心；第二，影响身心健康。这就意味着，即便怕水的你最后真的学会了游泳，但你很可能对游泳这件事产生抵触心理，也可能对推你下水的朋友彻底失去信任。

对任何人而言，面对恐惧都是一个痛苦且艰难的过程。心理学专家安东尼·冈恩在《与恐惧共舞》一书中提到过，人们在处理恐惧时，通常会用到以下三种方式：

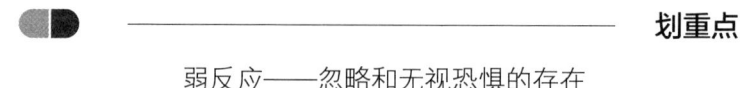

划重点

弱反应——忽略和无视恐惧的存在

弱反应者把恐惧看作是破坏性的，试图完全忽略它，无视它的存在。他们误以为，只要无视恐惧和恐惧带来的那些风险，那么一切问题就能迎刃而解。这种假设让人产生了一种错觉，以为自己是安全的。弱反应者经常会把这样的话挂在嘴边："别担心""能有什么事""没什么可怕的"。

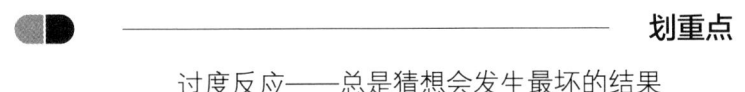

> **划重点**
> 过度反应——总是猜想会发生最坏的结果

多数高敏感者属于过度反应者，经常感觉自己被无尽的恐惧包裹，内心焦虑不安，找不到任何解决方法，显得格外无助。他们仅仅因为猜想到可能会发生的最坏结果，就变得极端情绪化，丧失理智。他们时常挂在嘴边的话是："真的太可怕了""我没有办法解决""事情会变得很糟"。

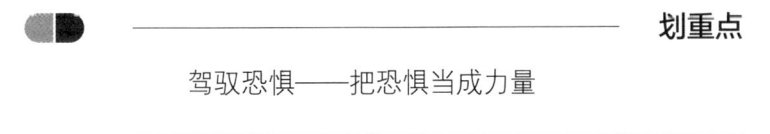

> **划重点**
> 驾驭恐惧——把恐惧当成力量

这是安东尼·冈恩常用并推荐的方法——既不试图忽视恐惧，也不完全排斥恐惧，而是将其视为正常现象，以驾驭的方式寻求改变。他们会积极地聆听恐惧，利用恐惧。驾驭恐惧者最常说的话是："害怕是正常的""恐惧想告诉我什么呢""恐惧是一件好事"。

安东尼·冈恩强调，弱反应和过度反应的分类不是为了区分一个人的性格，而是为了弄清楚当事人在面对恐惧的情形时的所作所为，因为人的行为会根据实际情况而有所不同。

无论是弱反应还是过度反应，都是应对恐惧的消极方式，其共性就是试图利用逃避来打败恐惧，但这几乎是不可能实现的，因为不在眼前的恐惧并没有消失。这只是暂时性的应急方法，无法解决恐惧，提醒我们去解决实际问题。

到底该怎样驾驭恐惧呢？安东尼·冈恩提出的方法是，把恐惧当成力量！

你也许会质疑，这可能吗？毕竟，感到恐惧的时候，总是会产生不适的反应。事实上，有这样的疑惑是正常的，哥伦比亚大学心理学博士、恐惧研究专家斯坦利·拉赫曼指出：人们总是倾向于把恐惧和各种痛苦的经历联系在一起。这些痛苦的联想，也许是身体上受过的伤，也许是情感上体验过的羞耻感。

现在我们换一种方式去思考这个问题：无论是害怕承受身体上的痛苦，还是遭遇情感上的伤害，恐惧的出现都是为了保护我们，让我们提高警觉，意识到有风险和威胁存在。当我们把恐惧当成一种保护机制时，就会减少对它的厌恶与排斥。

划重点

安东尼·冈恩所说的"把恐惧当成力量"，其核心就是改变对恐惧的看法。你可以认为恐惧是阻力，也可以认为它是让自己获益的动力，不同的看法决定了不同的效果。

假设你即将发表重要的演讲,而你的身体却开始不受控制地产生恐惧反应。

此时,你越是极力地保持镇定,隐藏这份恐惧,恐惧反而会变本加厉,它会让你喉咙干涩、手心冒汗、想去厕所……无论你劝慰自己说"没什么可怕的",还是说"这次肯定会搞砸",都很难削弱恐惧反应。面对这样的情形,该怎么去驾驭恐惧呢?

你要对自己保持诚实,承认自己为即将上台演讲感到恐惧的事实。不要故作镇定,隐藏真实的心理和生理反应。要知道,隐藏恐惧会耗费巨大的精力。你可以试着大胆地承认它、公开它,如此一来,那些被用来隐藏和忽视恐惧的力量就会瞬间恢复。

完成这个过程后,你会意识到每个人处在这样的境遇下,都会有和你一样的反应。重建了这样的认知,你在心理上就会获得极大的放松,也更容易集中精力去关注演讲本身,不再为逃避和隐藏恐惧而内耗。

CHAPTER 06 是什么把你推向了社交焦虑

自救指南：转移注意力，减少对自我的过度关注

6.1 社交焦虑和社恐是一回事吗

没有人是一座孤岛。生活在这个世界上,我们每天不可避免地要参与到各种社交活动中。有些人在社交活动中从容得体、大方自如,而另一些人却在社交场合中紧张害怕、不知所措,严重时还会语无伦次。不少高敏感者都被后一种情况困扰着,甚至还被贴上"社恐"的标签。

高敏感者究竟是不是社恐呢?要搞清楚这个问题,我们先得知道什么是社恐。

划重点

社交恐惧症,常被简称为社恐,是一种社交焦虑障碍,表现为过分地、不合理地惧怕与人交流,且极力想以各种方式回避社交,具有无法自控、无差别触发等特点;同时生理上会出现发抖、心跳加速、喘不上气、犯恶心等反应。

社恐是一种心理障碍,其本质是对自我形象与自我价值的严重质疑。患者对自身的表现产生过度的焦虑和担忧,担心自己的言行会被他人评价或批评。社恐严重时会影响正常的工作、生活和人际关系,导致社交隔离和孤独。

高敏感者在社交方面也存在一些困扰,比如在遇到下面这些场景时:

○ 正与人发消息,结果对方发起了语音通话。
○ 聚会的时候被人问道:你为什么不说话?
○ 迎面撞见领导,内心思索着该怎样打招呼比较合适。

碰到这样的场景,高敏感者往往会感到紧张,但这属于正常的情绪反应,至多算是社交焦虑,与"社恐"不是一回事儿。打个比方,看到某个人阴沉着脸,高敏感者可能会想:"他看起来很生气,是不是我说错话了?"此时,如果对方松开了紧皱的眉头,露出了微笑,高敏感者就会感到放松和愉悦。同样的情形,如果是一个社交恐惧症患者,即使他看到对方露出了微笑,仍然会感到焦虑和不安,只有独自待着才会感到轻松自在。

划重点

社交焦虑,是指个体在与他人交往时产生恐惧、紧张和焦虑的现象。每个年龄段的人都可能出现这些情绪,其中不存在明显的性别差异。社交焦虑会影响正常的人际交往,让人变得不善言谈、倾听和交友，也会进一步造成孤独感，阻碍个体与他人建立亲密关系。

为了区分正常社交焦虑和病理意义上的社交焦虑障碍，美国心理学会在《精神障碍诊断与统计手册》中特意增加了一个更具普适性的标准：该心理障碍影响了患者的生活，并持续造成超过6个月的显著焦虑感。这也提醒高敏感者，千万不要因为在人际交往中出现了一点点的烦恼和问题，就随意地给自己贴上"社恐""人格障碍""人格分裂"等标签。要知道，社交焦虑就是一种情绪，且是一种可控、可调节的情绪，唯有正确地认识它，才能正确地应对它。

6.2 高敏感者感到社交焦虑时会怎样

"我总是忧心自己会做出一些被他人嘲笑，或是让自己陷入尴尬境地的行为。实际上，在90%的情况下我并不会真的做出那样的事情，可我就是担心自己将会那样做；一旦我相信这样的事情存在发生的可能性，就会感到惊慌失措。"

"我特别畏惧当众讲话，虽然也知道这件事没那么可怕，但就是不由得紧张，甚至声音都会颤抖。每次处于这样的情境，我都会忍不住批判自己的过度反应，产生一种强烈的羞耻感——为什么别人可以从容自若，我却做不到？"

"我不喜欢待在人多的场合，会感觉头昏脑涨，产生生理上的不适。可是，我也不想被孤立。我怕自己贸然离开，会遭到周围人的非议。我对这种社交场合很敏感，但我的内心也渴望工作、交友，希望获得一种归属感。为此，我经常会在社交场合中忍受着恐惧和煎熬，或是采取一些降低潜在风险的行为，比如待在角落里，让自己感到安全。"

以上表述都是高敏感者的内心独白。他们在这个多元文化的世界里敏感且谨慎地活着。对多数人来说，体验到社交焦虑是很正常的，但社交焦虑有程度之分，每个个体的社交焦虑表现和强烈程度不同，高敏感者在这方面的体会往往要比普通人更明显。

通常来说，社交焦虑的影响主要体现在生理、情绪、思维和行为四个方面：

○ **生理**

感到社交焦虑时，会出现别人能够观察到的焦虑体征，如脸红、出汗、发抖；精神上感到紧张，身体有疼痛感，无法放松下来；严重时会头晕目眩、恶心呕吐、呼吸困难。

○ **情绪**

紧张、焦虑、恐惧、担忧是社交焦虑中普遍存在的情绪反应。当事人会对自己、对他人感到失望或愤怒，产生消极、自卑以及对现实的无力感。

○ **思维**

对自己说过的话、做过的事特别在意，过分关注别人对自己的看法，很难集中注意力或回想起别人说过的话；过度担忧一件事情可能会发生意外状况；大脑经常是一片空白，无法思考该说些什么。

○ **行为**

尽可能地回避复杂的社交场合或情境，如果必须出席或参与，会选择待在"安全区"，与"安全"的人交谈，讨论"安全"的问题，害怕成为别人关注的焦点。在与人接触或交谈时，会闪避对方的视线。

上述的一系列症状并不能完全涵盖高敏感者在社交方面的全部感受，有些时候他们还可能会以一些隐秘的方式来规避社交焦虑，最常见的有以下三种形式：

○ **躲避行为**

- 进入人多的房间之前，等待他人的陪同。
- 聚会时充当"服务人员"，如发东西、收拾物品等，避免与人交谈。
- 看到一个令自己焦虑的人走来时，转身回避。

- 发现别人看着自己时，会停下手中正在做的事。
- 不在公共场合吃饭。

○ 安全行为

高敏感者在与他人相处时，时常会体会到危险，这种危险是模糊的，以至于让他们无所适从，不知道该躲避什么。于是，他们就把重心放在如何让自己感到更安全上，做一些让自己感到安全的行为，试图避免引起他人的注意。

- 不断"演练"自己想说的话，检查它们是否正确。
- 说话很慢，声音很小；或者语速飞快，没有停歇。
- 试图把手或脸藏起来，用手掩着嘴。
- 用头发遮住自己的脸，或用衣服遮挡一些特定的身体部位。
- 穿很体面的衣服；或从不穿会惹人注意的衣服。
- 从来不跟他人说自己的事或谈论自己的感受。
- 从不发表个人意见，不能完全参与互动。

○ 自我批判

高敏感者特别在意自己的言行，每一次互动后，都会反思自己和他人的互动过程，并把注意力放在自己可能做错或让自己感到尴尬的事情上，不断揣测别人对这些事情的看法和反应。这些揣测会让他们变得消极，因为他们会在内心进行一场严苛的自我批判：

- "我怎么这么笨！"
- "我怎么会说那么愚蠢的话！"
- "我刚刚的表现就像一只笨拙的鸭子！"
- "他一定认为我很傻！"
- "我真是无药可救了！"

不难看出，高敏感者在与人交往时总是处于紧张的状态，时刻担心会受到他人的指责和批评。当他们认为自己处在"被评价"的状态下，就会表现得极为不自然，将注意力过分集中在自己的言行上，希望自己表现得完美，又害怕露出瑕疵，甚至把真实的自己隐藏起来，即便他们本身并没有什么问题。

掩盖真实的自己，无疑要消耗巨大的心理能量，这也导致高敏感者经常心事重重、悲观失落。从短期来看，这会妨碍一个人正常地做自己想做的、能做的事；从长期来看，工作、娱乐、私人关系等各个方面都会受到不良影响。当他们陷入过激状态时，经常会大脑一片空白，反应迟钝。别人不清楚发生了什么，就误认为他们冷漠、高傲、无趣，或是给他们贴上过度害羞、矫揉造作和社恐的标签。

6.3 诱发社交焦虑的四个主要因素

妮妮入职新公司已经半年多了，可每次走进办公室，她还是会感觉浑身不自在。办公室是开放式的，三十余人在同一楼层，每个人占据一个工位。这样的空间加重了妮妮的焦虑不安，她不能再像在原来的公司那样，躲在一个空间的角落，哪怕是靠近落地窗，离空调较远的地方。对她来说，忍受一点冷和热，远比担心被人关注要好得多。

周一的例会结束后，同事们开始讨论"加班与休假"的问题，有个同事问妮妮："你觉得把8小时加班时间积累成一天假期，这个安排怎么样？对你有没有什么影响？"妮妮与这位同事不太熟悉，忽然面对提问，她的大脑一片空白，不知道该说什么。

妮妮以为所有人都在看着自己，就把目光移向了天花板，沉默了几秒钟，或许是好几分钟。最后，她小声地回了一句："还好吧。"谈话随之展开，可妮妮完全不在状态，她感觉自己表现得很羞怯、很蠢笨，也很尴尬。内心深处，有一个声音在指责她："真是够窝囊的，这么一个简单的问题都答不上来，让人怎么看你啊！"

是什么让妮妮感到焦虑不安？

结合情境来说，让妮妮感到焦虑的直接原因是：一位不太熟悉的同事问了她一个问题，她以为所有人都在关注自己以及自己的回答。在这样的情绪状态下，她回答问题时的样子，似乎显得有些羞怯。对于自己的表现，妮妮感到焦虑、自责和愤怒。如果同事不向她发问的话，这一切就不会发生。

这是点燃妮妮焦虑的导火索,但不是她社交焦虑的根本原因。吉莉恩·巴特勒在《无压力社交》中提及,恐惧与人交往的原因是很复杂的,需要从多个方面认识这一问题。

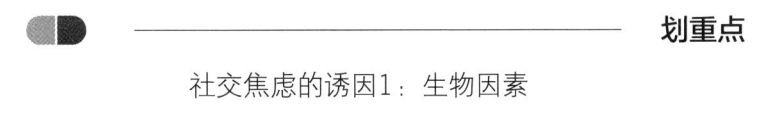

划重点

社交焦虑的诱因1:生物因素

在同样的情形和刺激下,每个人神经系统的受刺激程度存在差异。与普通人相比,高敏感者能够感受到被别人忽略掉的微妙事物,从而处于一种被激发的状态。另外,焦虑易感性受遗传因素的影响,如果父母都存在焦虑的问题,那么子女患有焦虑障碍的风险就会增加,但其焦虑类型未必和父母一样。

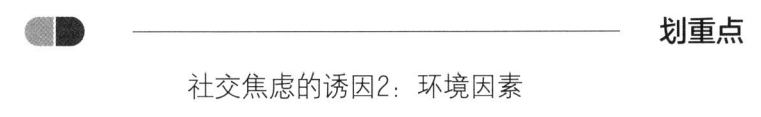

划重点

社交焦虑的诱因2:环境因素

最初的社交关系是在家庭中建立的。每个人都在家庭中学习到重要的社交知识。比如:在社交过程中,哪些行为是被允许的,哪些是不被允许的?你怎样做才能获得别人的喜爱,怎样做又会被别人拒绝?被爱和不被爱,分别意味着什么?我们在成长过程中会经历各式各样的社交互动,在这些经历的基础上,我们形成了有关他人对自己的看法的信念和预期。

如果一个人总是被家人和朋友喜爱，犯错的时候也被接纳，能够按照自己的意愿与他人进行交流，就会体验到自我价值感，建立自尊并在社交中感到自信。即便在生活中遇到一些人际关系上的小挫折，也没有什么大碍。

如果一个人总是被苛责、被批评、被排斥，就会形成低自尊，难以建立自信。将来在与其他人交往时，他也会对自己的被认可程度、能力和吸引力感到不自信，总担心别人会如何看待自己、回应自己，焦虑感就是在自我怀疑的基础上产生的。

高敏感者总是习惯揣测别人对自己的看法，且倾向于预期消极的、负面的评价。尽管有生理方面的原因，但更多的是其在成长过程中遇到的评价方式，不知不觉中内化成了其自身的价值感，以及思考问题的模式。

划重点

社交焦虑的诱因3：创伤性经历

创伤性经历对人的伤害，不仅存在于发生的那一刻，还会在事情过去之后给人留下阴影。克服这种经历并不容易。不少高敏感的社交焦虑者表示，他们对人际交往产生恐惧和不适，是因为在上学期间有过创伤性经历，比如：遭到校园欺凌，因肥胖、长青春痘等问题遭受嘲笑。如果这样的经历多次重复、长期持续，当事人就会感觉自己遭受了明显的歧视与残忍对待。

当然，不是每一个有过糟糕经历的人都会成为社交焦虑者，他们可能会被一个特定的支持者、养育者或朋友所拯救；或者他们可能锻炼出技巧与才能，帮助自己建立自信，保持自尊。

划重点

社交焦虑的诱因4：不同时期的社交挑战

一些高敏感的社交焦虑者，一直很害怕见陌生人，他们认为自己天生就是一个性格古怪或害羞的人；另一些高敏感者的社交焦虑产生于青少年时期或二十岁出头时，因为这两个阶段面临着离开家庭、独立自主、寻找伴侣、找到自己的社会角色等挑战。

回顾妮妮的案例，当别人向她提问时，她感到焦虑不安，产生了一系列负面的情绪体验。此时，揪着"他为什么要问我问题"的导火索是没有意义的，悔恨"我为什么不早点躲开人群"也解决不了问题。

对妮妮来说，她真正需要反思的内容是：

——我是在一个什么样的家庭里成长起来的？

——我之前经历过哪些会带来压力、焦虑和恐惧的人际交往事件？

——是什么让我感觉自己在说话时一定会被所有人凝视？

——回答问题后的那种尴尬、自责和愤怒，让我想起了过往的哪些时刻？

无论对他人还是对自己，理解和接纳才是改变的开始。

6.4 别高估了自己对他人的真实影响

对高敏感型人来说，这些"社死"瞬间简直就是人生的噩梦：

1.在熙来攘往的路上，不小心被绊倒在地。

2.出席朋友的聚会时，陈年糗事被提起，自己心仪的人就在现场。

3.某日懒得洗头直接去上班了，结果被领导安排去见客户。

如果这一切真实地发生了，高敏感者一定会耿耿于怀，即使数日之后回想起来，仍然会感到脸上阵阵发烫，被羞耻感猛烈围攻：

1.在众目睽睽下摔倒，真是太丢人了！

2.他会怎么看我？会不会觉得我特别蠢？

3.客户一定会觉得我不修边幅、邋里邋遢吧？

这些对他人想法与行为的想象，是否真实、客观呢？不夸张地说，真实、客观的可能性极小，绝大多数是臆想。即使有人看到你摔倒，也不会认为这是多么罕见而可笑的事。谁还没有大意的时候？即使糗事被揭露，也不会有人用此来定义你的个人价值，因为再聪明的人也难免会做一两件蠢事。即使一日未洗头，也够不上邋遢，顶多是自我感觉不够清爽。

试着回忆一下：最近你感到剧烈疼痛的时候，可能是头痛、牙痛、喉咙痛，抑或是因意外事故而受伤，当时你脑子里想的是什么？你会担心有人正在经历饥荒吗？你会想到无辜的人会在路上被撞伤吗？不会！你当时最在意的人是自己，你唯一的想法是让痛苦消失。

划重点

把自己视为一切的中心，并且直觉地高估别人对自己的关注程度，这一现象在心理学上被称为"焦点效应"。焦点效应的本质是自我中心偏见，就是对自我的感觉占据了内心的重要位置，不自觉地放大别人对自己的关注程度，继而过度高估自己的真实影响。

Ann一直以来都是个心思细腻的人，活得有点过于"小心翼翼"，可谓敏感至极。曾经与她非常要好的一位朋友，如今人在远方。以前，她们经常相互诉说衷肠，分享彼此的喜悦哀伤，但不知道从什么时候开始，彼此之间好像断了联系。

有几次，她给对方留言，对方没有回应。过后再回复时，话语也很简单，显得有些冷淡。Ann心想，对方一定是觉得她烦了，之前她总是和对方讲自己心里的烦心事，以及过往的生活给她带来的伤害，她想对方一定是懒得听她唠叨，懒得给她安慰了。

事实上，Ann的那位朋友当时正在准备一个重要的考试，整个人压力很大，根本无暇顾及其他的事，而Ann的顾虑，完全是她的"一厢情愿"。

Ann当然不相信"对方很忙"这个事实，她认定一定是自己哪儿出了问题，惹对方不悦，于是一再试探性地追问对方缘由，还有意无意地指责对方这样做给自己带来情感伤害。最后，那位朋友着实有点烦了，他无奈地告诉Ann："为了考试的事我已经焦头烂额了，我只不过想自己静一静，真的想不通，你为什么非要把自己牵扯进来？你所说的那些事，我从来就没想过！"就这样，原本没什么隔阂的一对朋友，真的有了隔阂。

这件事之后，Ann开始反思。她过去的那些苦闷，大都不是因为别人做了什么，而是太高估了别人对自己的关注度。

朋友没有和自己联系，想象着朋友对自己不满，刻意疏远自己，其实朋友忙得无暇顾及；老板突然留自己加班，想象着老板一定是觉得自己工作业绩不好，是有意"惩治"自己，其实老板是需要多一个帮手，希望更快地解决问题；同事这两天没有叫自己一起吃饭，想象着他是因为奖金的事对自己有意见，其实是同事心情不好，他的母亲住进了医院。

在绝大多数情况下，你并不是他人生活的焦点，也没有人会花费大量的精力一直关注你，刻意想起你过去的错误或尴尬的经历，因为他们也在忙着自己的事情。如果不小心犯了错，或是做了一些尴尬举动，即使别人看向你，你也不要脑补太多的东西。别人大都是无意识地瞥一眼或留意环境的变化，你真正要留意的是自己脑海里的负面臆想——"好丢人，别人肯定觉得我……""太尴尬了，别人一定会嘲笑我"……它们正在把你拖向焦虑的深渊。

6.5 克服害羞的第一件事是自我肯定

害羞是社会适应力不足的表现，属于社交焦虑的一种。不同程度的害羞，也会给人的工作和生活带来不同程度的影响。高敏感型人对此深有体会，他们常常因害羞饱受下列困扰：

- 很难结交朋友，或享受可能原本美好的经历。
- 无法维护自己的权利，不能表达自己的想法和观点。
- 过分关注外界对自己的反应。
- 没办法清晰地思考，或有效地交流。

- 很难让别人对自己的优点做出积极的评价。
- 体验到挫败、担忧、孤独等消极情绪。

害羞是人类共有的一种情绪。但对于不同文化中的人，引发害羞的事物有所不同。不同人在害羞时的表现也不尽相同，且一个人的外在行为并不总能准确地反映出他是否害羞。有些时候，高敏感者表面看起来镇定自若，可他们的内心却像一条拥挤、混乱的公路，处处堆积着感情碰撞和被压抑的欲望。

在生理层面，害羞的高敏感者感到焦虑时会出现一系列的反应，如心跳加速、出汗、神经质地发抖；当他们在体验某种强烈的情感时，也会出现类似的生理反应，但身体无法区分这些反应在本质上的不同，只有一种生理反应是所有害羞者都无法绕过的，那就是脸红。

林宇因为脸红的问题备受折磨。他不敢参加社交活动，不能在公共场合演讲，甚至连正常的小组讨论对他来说也异常艰难。很多时候，尚未开口，他就已经涨红了脸，感觉脸一阵阵地发烫。要是有人询问他"怎么了"，他就感觉自己的笨拙和窘态已经或将要被人发现，尴尬得一塌糊涂，恨不得找个地缝钻进去。

苦恼的林宇很想知道，自己这辈子是不是都要戴着一张"红脸面具"过活。他不知道自己为什么会这样。更不知道有没有能力克服害羞，像正常人一样坦然地适应社会交往。

林宇的疑问，道出了许多高敏感者的心声。他们也迫切地想知道：为什么自己会在社交中感到害羞？对于这个问题，不同心理学派作出了不同的解释。虽然不能涵盖所有关于害羞的解释，但它们仍为我们理解害羞提供了多重视角和思路。

人格特质学派认为，害羞是一种遗传特质；行为主义学派认为，害羞者只是没有学会与他人交往的技巧；精神分析学派认为，害羞是个体潜意识中内心冲突的外在表现。儿童心理学家认为，在社交中感到害羞应当被理解，社会环境让许多人都感到害羞；社会心理学家认为，害羞者是在社会生活中被贴上的标签，即自认为害羞，或是被他人认为害羞。

无论害羞是出于哪方面的原因，高敏感者更想要知道的是：如何有效地克服害羞？

划重点
提高自我意识，重新认识自己

现在，请你认真思考几个问题——

1.你树立的自我形象是什么样的？

2.这种形象受你的控制吗？

3.别人对你的感觉，和你想带给别人的感觉一致吗？

4.遇到好事，你认为是运气使然，还是努力的结果？

5.童年时代，父母以及他人对你产生了怎样的影响？

6.你认为生活中哪些东西是重要的,哪些是不重要的?

7.有什么东西能让你心甘情愿牺牲自己的生活?

思考这些问题,是为了提高自我意识,这是做出积极改变的开始。因为高敏感者在社交中最主要的问题就是过度地自我关注,过分关注负面评价。所以,要增强自我意识,重新认识自己,最终接纳自己内在的形象,让他人接纳自己的外在形象。

划重点

坦然面对害羞,把精力放在实现目标上

你可以给自己写一封信,描述你第一次感到害羞的情境:

1.当时有什么人在场?

2.你有什么感觉?

3.这次的经历让你做了什么决定?

4.有没有人说过一些话让你感到害羞?

5.现在看来,你认为其中有没有误解?

6.描述一下真实的情况是什么样的?

7.谈谈害羞让你付出了什么样的代价?

8.你用了什么样的方式应对害羞和焦虑?

9.那些方法有用吗?

10.你认为怎样做,才能产生积极、可持续的效果?

选择一个自己渴望却因为害羞而未能实现的目标,为自己制订一个详细的计划，把全部精力用在实现目标上。记住：先去做，再去评价自己的实力。

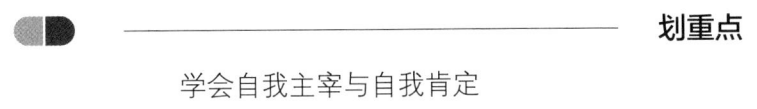

划重点
学会自我主宰与自我肯定

自尊，是个体在与他人比较的基础上作出的一种自我评价。高敏感者通常存在低自尊的问题，对负面评价极度敏感，且会将失败归咎于个人能力。要走出低自尊，需要理性地与他人进行比较，认识到别人的生活与自己无关，学会自我主宰和自我肯定。

1.写下自己的优缺点，据此来设定目标。

2.抛却人格特质，找出影响你自尊心的因素。

3.提醒自己每件事情都有两面性，事实从来不是唯一的。

4.永远不要说自己不好，更不要给自己贴上"攻击人格"的标签，如笨蛋、蠢货等。

5.不费心容忍那些让你感到不舒服的人、事、环境，若不能改变，可以置之不理。

6.别人可以评价你，但不能践踏你的人格。

7.你不是倒霉蛋，也不是一文不值的人。

划重点
掌握一些让自己放松的技巧

许多高敏感者之所以会社交焦虑，与缺乏社交技能有直接关系。如果能够掌握一些让自己放松的方法，以及减少焦虑的技巧，就能够将害羞和焦虑置于可控的范围内。

如果你觉得对别人开口说话很困难，那你不妨尝试给附近的餐厅打电话，询问晚上营业到几点钟，锻炼自己的胆量；你还可以与在街道、公司或学校里见到的每一个认识的人打招呼，微笑着说"你好"；用赞美对方的方式开启一段交流，如"你这身衣服很显气质""你买的车子很不错"。

在信息高度发达的今天，你完全可以通过网络或书籍，学习各种社交技巧。当然，最重要的是鼓起勇气，将它们付诸实践。

6.6 放弃安全行为，看看会发生什么

我们说过，高敏感者在与人交往时，要尝试将注意力转移到外部的人和事，留意他人在做什么，有什么样的反应。如果通过练习可以做到这些，那绝对是一个不小的进步，但要彻底解决问题，还不能止步于此。毕竟，克服社交焦虑的结果，最终一定要体现在行为上，让高敏感者摆脱过去的行为模式。

怎样才能在行为上发生改变呢？吉莉恩·巴特勒从认知治疗的角度提供了一些思路：

> **划重点**
>
> 识别焦虑的想法:你在想什么?

当你感到焦虑时,你脑子里在想什么?然后会发生什么?事情结束之后又会怎样?

"我感觉很紧张,脸红发烫,身体发抖。别人表现得都很从容,只有我紧张不安。事情结束后,我觉得自己很差劲,什么都做不好。"

当时可能发生的最糟糕的情况是什么?

"做自我介绍时结结巴巴、声音颤抖;或者在自我介绍前,找个借口离开。"

在这件这事情上,你最在意的是什么?

"我在意自己的表现,害怕别人识破自己的紧张和焦虑。"

你怎样看待这一经历?对自己和他人又有怎样的看法?

"我觉得自己不该参加这个课程。我永远也无法跟其他人一样,落落大方地表达自己的想法。没有人知道我是这样的怯懦,我自己都看不上自己,更不要说别人了。"

> **划重点**
>
> 向想法提出质问:这是事实吗?

厘清自己的想法后,不要跟着想法走,而要向它们提出质问。

想法:"他们一定觉得我很差劲,连做个自我介绍都结结巴巴……"

质问1:"这是真实发生的,还是我的想象?"

质问2:"怎么知道别人就不紧张呢?"

质问3:"别人会因为我紧张而认为我很差劲吗?"

质问4:"如果这件事情发生在别人身上,我会怎样看待和评价呢?"

划重点

找出替代性的回答:也许……

针对自己提出的质问,尝试用另一种思维方式来回答。

回答1:"每个人都有紧张的时候,就算我介绍自己时不太自然,也不代表我很差劲。"

回答2:"也许他们当时正在想别的事情,并没有留意到我的表现。"

回答3:"我还没有上台介绍自己,也许我的表现没有想象中那么糟糕。"

划重点

改变安全行为:这样做会如何?

安全行为,是高敏感者面对社交焦虑时做出的一种自保行为，如果不这样做就会感到惶恐不安。但长此以往，安全行为会阻碍高敏感者认清现实，导致问题进一步恶化，特别是当它们变得越发明显和引人注意时。

举个最简单的例子，你试图用小声说话来避免吸引他人的关注，可恰恰因为声音小，对方会要求你重复一遍。这样一来，你可能就要在更多人的关注下，更大声地重复你的话。

当脑海里冒出利用安全行为逃避恐慌的想法时，应该怎么处理呢？

我们可以借鉴和参考一下吉莉恩·巴特勒在《无压力社交》中提供的相关步骤：

Step 1：思考你做了什么

为了防止自己处于弱势或暴露于人前，你都做了些什么？尽量把你想到的安全行为都列出来，并不断地补充。

Step 2：预测不这样做会如何

如果不保护自己的话，你认为会发生什么？最糟糕的情况是什么？

Step 3：检测是不是真的如此

从清单中选择一项安全行为，然后设计一个实验，检测在放弃安全行为后会发生什么。

假设你选择的是"回避他人的目光"，那么你可以试试直视别人的眼睛，看看究竟会发生什么。确认令你感到恐慌的事物，它是否真的有想象中那么危险？如果一开始觉得有些焦虑，不妨再试一次，看看焦虑感是否会降低？

Step 4：评估预测是否发生

1.你改变了行为模式后，都发生了什么？

2.你的那些预测都发生了吗？

3.你是正确的吗？

4.你有没有被自己的焦虑误导？

5.让你感到害怕的事物，究竟是真实存在的，还是你的臆想？

6.这说明了什么？

简而言之，你需要了解自己有哪些安全行为，以及做一件事情之前有何心理预测。然后，尝试从最简单的部分做起，观察自己的预测是否应验，慢慢地建立信心。反复地练习，可以帮助你改变思维模式和行为模式，不再只想着"逃"。

划重点

从某种意义上来说，社交焦虑是害怕自己的做事方式、行为表现会造成尴尬，招惹嘲笑，或暴露自己社交焦虑的症状。改变行为模式（放弃安全行为），不意味着非要"做正确的事"，也不意味着要学会用正确的行为防止"坏"事发生。

社交中难免会出现一些尴尬的时刻，这几乎是无法避免的，但你可以选择如何看待它。你不把它当成灾难，它就不会像灾难一样影响你的行为选择；行为模式的转变，又能促使你重新评估社交威胁，学会用另外的视角去看待问题，由此进入一个良性的循环。

6.7 过分关注自我，只会加剧焦虑

静怡很怕被人关注，无论是否真的有人关注她，但凡存在这样的可能，她就会感到不安。

那还是十年前，有一次她乘坐公交车，当时车厢里的人很多，也没有报站系统，全靠乘务员提醒。临近她要下车的站点时，乘务员喊道："有下车的乘客说一声，提前走到车门口。"他一连喊了三四遍，都没有人言语。

静怡意识到，这一站是没有人下车的。她不敢在安静的车厢里回应说"我要下车"，就选择了沉默。结果，她多坐了一站地，而那站地的路程很长，是一段从市区跨到郊区的长途。

抵达郊区后，静怡随着人群下了车。望着周围陌生的环境，静怡的心里有一股说不出的滋味。她需要走到对面的车站，重新坐回去，而这一程又要花费四十分钟。她想到，要是有人知道自己该下车时不说话，肯定会嘲笑自己是个"傻子"。瞬间，她就对自己产生了失望感和厌恶感，指责自己"怂"到家了，连一句"我要下车"都不敢说。

为什么静怡不敢说"我要下车"呢？原因就是，高敏感的她害怕自己在说这句话的时候，车厢里的人会把目光投向她，让她在那一刻成为被关注的焦点。

不可否认，静怡担心的情况在现实中是存在的，相信多数人也经历过。置身于安静的车厢，忽然有一个人起身下车，这时总会有旁人习惯性地看一眼。但，也仅限于"看一眼"而已，这完全是一种本能式的反应，几乎不掺杂个人情感和思想。通常，大家都能够想明白这一点，也不会太在意，反正下车后各奔东西，可能此生都不会再见面了。

划重点

吉莉恩·巴特勒指出，社交焦虑者的问题在于太过关注自我，以至于把大部分的注意力都放在了自己的身上，无法关注内心情感以外的任何事情，导致感官瘫痪。在任何社交场合中，他们总觉得自己被审视，总担心自己表现得太笨拙，试图通过安全行为来保护自己。

静怡在该下车的时候，为了避免被关注，选择默默地坐过站，她认为这是"正确的事情"。可我们都知道，这样的选择让事情变得更糟了。事实上，类似的情况不止一次出现，她经常会在社交场合因为过度关注自我而陷入痛苦之中。

第一次去男朋友家时，静怡忐忑不安。刚一进门，她就在心里暗想：他们肯定在打量自己。这个想法冒出来后，她就开始在意自己的每一个行为。她不敢轻易开口说话，担心自己会说错话。

坐了半小时后，静怡想去卫生间，却不好意思起身离开。她只能留意自己内心的笨拙，迫不及待地想让男友的父母去其他的房间。她满脑子里想的都是"他们什么时候起身离开客厅""我该怎么表达自己想去卫生间"……忽然，不知什么原因，大家说话的声音变得大了起来，像是在讨论什么，而静怡明显错过了。

她开始觉得，自己刚刚的表现很傻，让人感觉像是一个"闷葫芦"。事后，男友告诉她，并没有人注意到她的变化，虽然她没有说话，但大家觉得毕竟是第一次见面，还不太熟悉，不说话也是很正常的事情。

透过静怡的种种行为表现，我们不难看出一个事实：当高敏感者的注意力完全被自我占据时，很难留出精力去关注其他的事物，这也导致他们无法准确地认识周围的事物，很难领会他人的话，留意他人在做什么，接收不到他人的真实反应。然后，他们通过自己的想象去弥补这些空白，认定他人觉察到了自己的社交焦虑，猜想他人会怎样议论纷纷。结果，这又进一步加深了他人对自己的负面评价。

对高敏感者来说，要扭转这一情况，就得学会减少对自我的过度关注。

> **划重点**
> 把注意力投放在周围的事物上

要避免过度地自我关注，最关键的一点就是把注意力更多地集中在身边的事情上，而不是自己内心的消极想法、感觉或情绪上。尝试更多地注意身边发生的事情，保持开放的态度，这样做可以帮助你更好地关注与你互动的人，理解对方说的话，留意他们和自己的反应。

把注意力集中在周围发生的人和事上，可以阻断对自身表现的胡乱猜测，有效地摆脱那些认为自己表现得很糟的想法。当然，也不要把所有的注意力都放在别人身上，完全忽略自己的存在。对社交焦虑者来说，最终要实现的目标就是，做到对内心和外界保持同等关注，可以自如地切换关注点，而不是完全沉浸在自我的世界。

有些时候，尽管高敏感者尝试把注意力转移到其他人身上，但还是会发现自己的注意力慢慢地被内心的情感拽走。这是正常的现象，毕竟注意力不是静态的，它会有起伏和转移。这个时候，需要多尝试几次，重新把注意力从自己身上转移到与糟糕想法无关的外部事物上，或者做点其他事情吸引注意力。

划重点

放弃对"理想表现"的预期

高敏感者总是担心自己的言行会出现"错误",试图让自己时时刻刻都表现得如预期中一样。事实上,有谁能够说出"理想表现"是什么样的呢?又有谁真的可以达到"理想的预期"呢?每个人都有自己看待事物的角度和方式,从客观上来说,只要人与人之间存在差异,就不可能存在一种标准化的"理想行为"。

按照想象中的"理想行为"去要求自己,本身就是在给自己制造压力。按照现实原则,只要选择感觉舒服或对自己有益的方式就好了,大可不必为自己的行为模式感到不安。

退一步说,就算周围人注意到了你的细微变化,往往也不会在意,因为那对他们而言并不重要。你不是世界的中心,也不是别人生活剧本里的主角,多数人不会太在意别人做什么,也不会花费太多时间去评价别人,他们更关心的是和自己有关的事情。

总之,记住一句话:这个世界上没有人像你在乎自己那样在乎你。

CHAPTER 07 —— 为什么关系中受伤的总是你

自救指南 | 适度共情会带来亲密，过度共情会带来创伤

7.1 没有界限的共情是一场灾难

在周围人的眼中，辰辰是一个值得信任和托付的人。

读大学的时候，寝室里有6个人，辰辰知道每一个室友的"秘密"，而这些事情都是室友们私下主动向她吐露的。细腻敏感的她，似乎天生就有这样的能力，可以理解和共情各种人的悲喜，甚至比当事人的情绪反应更强烈。

同学和朋友都觉得，有贴心的辰辰陪伴在身边，是人生的一大幸事。可是，对辰辰来说，这份超强的感受力带给她的，除了朋友获得安慰之后由衷说出的一句"谢谢"，更多的是只能独自品尝的苦涩：那些发生在别人身上的负面经历，以及别人传达出的负面情绪，犹如一层挥之不去的薄雾，笼罩着她的生活。

共情是一种理解别人的想法，体会别人的感受，站在他人立场思考问题的能力，分为认知共情与情绪共情。

> **划重点**
>
> 认知共情，是指在没有任何情绪传染的情况下，也能理解他人脑海中的想法；情绪共情，是指如果你遭受痛苦，会让我感到痛苦，让我也身临其境般地体验到你的感受。

社会心理学研究发现：在两人或多人的互动中，总有一方的情绪更有感染力，很容易影响他人，他们是情绪的发送者；同时，也有一些人更容易被他人的情绪所感染，他们是情绪的接收者。至于谁来扮演发送者和接收者，则取决于个体的大脑结构与性格因素。

> **划重点**
>
> 相关研究显示，人的共情能力与其大脑中过度活跃的镜像神经元有关。镜像神经元可以通过过滤情绪，来识别和理解对方的情绪。高敏感者容易陷入过度共情，是因为他们拥有高度反应的镜像神经元，会与他人的情绪感受产生深刻的联结。

高敏感者的生理特质决定了，他们更容易在沟通互动中扮演情绪接收者的角色。由于情绪传染是一个快速、无意识的过程，具有原始、自动、不可控的特点，所以当高敏感型人一味地、不受控地吸收他人的情绪感受，又无法很好地处理这些刺激时，很快就会被压得喘不过气来，上述案例中的辰辰就属于这种情况。这样的情况下，有相当一部分人会选择封闭自己的感官，或对人际互动保持消极的期待。

虽然共情能够让人与人之间建立深度的连接，建立更亲密、更信任的关系，但它有一个重要的前提——把共情维持在适当的范围内。如果共情无法自控，或超出了身心的承受范围，就会成为一场灾难。

作家伊米·诺说过："不把自己的感受同他人的感受区分开来，你可能会被来自周围人的高压和痛苦淹没。"这不是危言耸听。美国南加利福尼亚大学医学院博士朱迪斯·欧洛芙通过临床观察发现：当共情者被他人的情绪淹没时，可能会出现焦虑、惊恐发作、抑郁以及慢性疲劳等心理和身体症状。与此同时，发表在《心理与健康》上的一项研究也表明，父母的共情能力越强，他们越有可能经历慢性炎症的困扰。

在常人眼中，共情力超强的高敏感者给人的印象往往是善解人意、包容性强、情商高，且有很强的责任感与正义感。可是，在给予他人高度共情的同时，高敏感者也成了悲伤的接收器和悲情的投影仪，用他人的故事给自己的生活蒙上了一层阴影，用他人的痛苦给自己的生活套上了枷锁。他们很容易形成讨好型人格，在人际关系中过度付出、错误牺牲，太在意他人的看法，容易因为人际关系和自己无能为力的事情备受折磨，感到焦虑和抑郁。

适度共情是一种天赋，带来的是美好与亲密；但过度共情却是一场灾难，带来的是痛苦与创伤。高敏感者在保有共情的同时，还需要学会保护自己。

7.2 四个迹象表明，你可能是过度共情者

29岁的西沃恩经常会感到不明原因的疼痛，后来她去看了精神科医生，被诊断为患有抑郁症和焦虑症，且出现了严重的惊恐发作。西沃恩的情绪很不稳定，医生认为是躁郁症的缘故，可她自己却坚信，心理疾病不是唯一的原因，她的情绪波动和疼痛与其他人有关。

"如果我感到脖子或肩膀疼，我就知道有人正在承受很大的压力。我会给周围的人发消息，看看压力来自谁。之后，就有关系密切的朋友回复我，说他感觉很糟糕。

"我能感受到丈夫什么时候在发愁，我会问他在愁什么。他通常先支支吾吾，但最后会告诉我，他确实遇到了糟糕的事情。"

针对这些经历和感受，西沃恩后来在读到《共情者的31个特征》时发现，自己几乎符合文中所提到的所有特征。这也让她意外地发现，自己有时之所以会喜怒无常或刻薄蛮横，也是因为接收了他人的情绪能量。

西沃恩的经历听起来似乎有些匪夷所思,让人不太敢相信,但它的确反映了一个事实:高敏感者的过度共情,很可能会给他们带来伤害。

《情绪》杂志上曾经发表过一篇报道:研究人员曾经通过提问的方式,对66名男大学生被试的情商(包括共情能力)进行测量,比如,给被试们提供人的面部图像,要求被试回答图片中的人在表达哪一种情感,表达情感的强度有多强。之后,被试们要在主试面前保持面无表情地发表一小段讲话,而研究人员会在被试做表情之前,测量他们唾液中的压力激素皮质醇的水平。

研究结果显示:共情能力强的学生在接受实验操作后,压力激素水平上升较多,这意味着他们感受到了更大的压力。同时,他们血液中压力激素水平恢复到正常所需要的时间也更长,这说明他们需要花费更长的时间才能够平复自己的情绪。

过往的不少研究也发现,对他人的情绪感受过度共情的人,更有可能出现抑郁症状。因此,有人给共情能力过强的情况起了一个名字——"过度共情综合征"。作为高敏感型人,如果你在生活中存在下面四个迹象,那么你可能要关注一下过度共情的问题。

划重点

迹象1:总能敏锐地捕捉到他人未曾察觉的细节

小微的家里出了一些变故，经济暂时陷入拮据状态，她纠结了好几天，最后忍不住向一位好友求助，希望对方能够借给她2万元，并承诺半年后归还。朋友听完后，沉默了几秒，最终还是同意借钱给小微。

在朋友沉默的那几秒里，敏感的小微看到朋友脸上闪过了一丝迟疑，虽然朋友没有驳回她的请求，可那个表情却在小微的脑海里挥之不去。她忍不住对朋友的迟疑进行解读，并萌生了一丝羞愧感，觉得借钱之事给朋友带来了难以言说的麻烦。

划重点

迹象2：总是过分关注周围人的情绪变化

"你怎么了？"这是David经常挂在嘴边的一句话。

每次和亲友、同事在一起，只要对方在情绪上稍有波动，尤其是出现难过、悲伤、沮丧等负面情绪，David都能够敏锐地觉察到。在David面前，鲜少有人能够遮掩自己的情绪，即使他们表现得很平静，嘴上说着自己没事，可David仍然可以感受到他们内心的变化。

划重点

迹象3：总是被卷入他人的消极情绪中难以自拔

阿媛是一名专业的舞者，每次参加演出之前都要进行辛苦的排练。休息期间，助理总是安慰阿媛说"辛苦了"，而阿嫄却说:"我付出的辛苦和演出的收入是持平的,真正辛苦的是那些伴舞……"为此,阿嫄经常出钱买补剂鼓励伴舞们,体恤她们的辛苦。

在舞蹈方面极具创造力的阿嫄,很容易体会到周围人的情绪和感受,且经常被卷入其中,还把无关的责任揽在自己身上。当亲友出了一些状况时,她总觉得自己做得不够好,没能给予对方足够的关心,有时还会觉得美好的东西终究都会离自己而去。有时,观看一部电影,她也会沉浸在主角的悲情命运中难以自拔。

划重点

迹象4:总是为了取悦他人而牺牲自己的利益

日剧《凪的新生活》中的女主角大岛凪,是一个擅长察言观色的女孩。她总能敏锐地感受到他人的情绪,且深受他人情绪的影响,会不自觉地照顾对方的情绪,不管是母亲、上司、同事、男友还是陌生人。为了让对方开心或满意,她会极力地取悦对方,不惜损害自己的利益,只有对方开心了,她才感到"安全"。这种小心翼翼的活法,让凪成了一个不被珍惜、不被善待的讨好型人格者。

以上就是过度共情者在生活中的常见表现。高敏感的你有这方面的倾向吗?如果有的话,也不必沮丧,把它当成一个成长的契机,它在提醒你需要强化边界意识。在任何一种关系里，个人边界都是重要且必要的，每个人都是一个独立的个体，你可以设身处地去理解他人的感受和情绪，这样做的目的是让对方获得心理力量，积极面对自己的人生。

7.3 斩断亲职化，把父母的责任还给他们

"我应该就是人们常说的那种'别人家的孩子'吧！我是在单亲家庭长大的，从小跟着妈妈一起生活。在学习方面，我从来不用妈妈操心，成绩一直名列前茅；6岁的时候，我就自己洗衣服、打扫房间，练习用洗衣机、微波炉，帮妈妈做家务；我一直苦练小提琴，妈妈对我抱有很大的期望，希望我能替她完成年轻时的音乐梦。

"我对妈妈的感情很复杂，一方面觉得她很不容易，独自带着我生活；另一方面也觉得她很挑剔、很情绪化，总是让我关心她，考虑她的感受，满足她的期待。如果我做得不够好，她就会表现出很受伤、很失望的样子，让我心生愧疚，觉得对不起她。

"关于童年，我没有太多的感触，也许是因为没什么美好的回忆吧！我一直觉得自己没有当过'小孩'，没有体会过被呵护、被宠爱、被照顾的感觉。更多的时候，是我在'照顾'妈妈，因为只有满足妈妈的需求，她才会关注我、喜欢我。

"现在我已经32岁了，依旧和妈妈生活在一起。我想过

要独立生活,可似乎已经习惯了扮演照顾者的角色,不放心妈妈,怕她孤独。我很纠结,想要过属于自己的人生,却被难以割舍的亲情牵绊着……"

这是一位来访者对其成长经历以及和母亲的关系的描述。无论是彼时年幼的她,还是此时已过而立之年的她,始终面临着同一个处境:作为女儿的她,更多的不是被妈妈照顾,而是反过来要牺牲自己的感受,去照顾、安慰、关注并满足妈妈的感性需求与理性需求。这种亲子关系,在心理学上被称为"亲职化"。

划重点

亲职化,是指父母与孩子之间的角色发生颠倒,父母放弃了他们身为父母本该承担的责任,而将这种责任转移到孩子身上。

亲职化主要有两种形态,一种是功能上的亲职化,即孩子过早地参与到做饭、打扫等家务中去,或是独自照料自己的身体需求,如独自看医生等;另一种是情绪上的亲职化,即成为父母的知己、顾问、情感照料者或家庭调解人。

不少高敏感型人都曾处在亲职化的家庭关系中,为了满足父母的需求,忽略或牺牲个人对舒适、关注和引导的需求,将自己童真的一面封存起来。他们知道,在父母面前展现出脆弱的孩童本性,渴望被照顾、被关注,往往都会陷入失望。为了避免受挫，他们主动隐藏自己的需求，克制自己的情绪感受。可是，无论表现得多么成熟、多么理性，孩子终究是孩子。所有的孩子天生都是无助的、脆弱的，需要看护者的陪伴和支持才有力量去面对未知的、有风险的世界。当没有人可依靠、可仰仗的时候，他们就陷入了缺乏安全感的状态。

亲职化的关系不只是剥夺了孩子的童年，它的影响是长期且深远的，许多人在成年以后会存在下列问题：

划重点

情绪反应十分敏感

亲职化关系最持久、最困扰人的影响之一，就是子女在成年后情绪会十分敏感，很容易被他人的负面情绪传染，将其内化到自己心中，沉浸在这种情绪里难以自拔。他们会时刻关注和琢磨别人的感受，别人心情不好时，他们也会感到不舒服，且很多时候都需要获得他人的好感和认同。

划重点

产生过度的责任感

"孩子无法治愈父母的痛苦"原本是一个客观事实，但是孩子却会把它视为自己的责任，认为是自己做得不够好。这种错误的认知，致使孩子成年以后在人际关系中很容易产生过度的责任感。比如：在情感方面付出过多，在事情没能朝着好的方向发展时自责，还会吸引一些索求过度的伴侣。他们总是高度共情别人，极度忽视自己，对自己的真实需求感到羞耻，内心有强烈的"不配得感"。

划重点

难以建立依恋关系

在亲职化家庭关系中长大的孩子，从小很少依赖父母，成年后也难和朋友、伴侣、孩子建立良好的依恋关系，他们不愿承认自己有依赖他人的需要。在人际交往中，他们常常会让他人产生错觉——"我们是朋友/恋人，但你好像并不需要我。"

原生家庭无法选择，已发生的事实无法改变，也许现在的你已经长大独立，却仍然被亲职化关系的阴影笼罩着。面对这样的处境，如何才能够实现自我救赎呢？

Step 1：承认父母没有用你需要的方式来爱你的事实

这是一个令人痛苦的事实，要承认它并不容易。你得勇敢地处理深度愤怒、悲伤和委屈。但你要相信，痛苦只是暂时的，只有接受了这一事实，你才能够放下过往，放下对父母的期待，树立全新的信念——父母给不了的，我可以自己给，用自己需要的方式来爱自己。

Step 2：停止强化亲职化自我，努力发展真实自我

在过去的很多年里，你的生活都是由亲职化自我建立

的，你、父母及周围的人都认为，那就是真实的你。其实，你压抑了很多真实的需求与感受，那隐藏了真实的自我。现在，你要试着去发展真实的自我，用真实的自我和外部世界建立联系。在这个过程中，你一定会遇到阻力，特别是来自父母的阻力，他们习惯了亲职化的你，希望你保持原样。

最初你会感到痛苦，认为自己"背叛"了父母。这个时候，你要提醒自己，过去的亲职化关系是有问题的，你需要被爱、被关注、被倾听，而不是背负着沉重的责任前行。你在过去被剥夺了这样做的权利，现在你只是把属于自己的东西拿回来，并不是背叛。

Step 3：创造一些机会，让自己再次成为"孩子"

在生活中创造一些可以让自己再次成为"孩子"的机会，寻找一些可以成为真实自我的情境，如逛动物园、去游乐场、荡秋千。也许小的时候你没有选择，只能提前成长，可是长大后的你，有能力在一些情境中重新成为"孩子"。

如果你努力尝试依靠自己来改善，结果却不太理想，也不要沮丧和放弃。别忘记，还有一种可行且可靠的选择，那就是寻求专业咨询师的帮助。在一段安全的咨询关系中，在无条件的积极关注之下，和专业咨询师探索那些被压抑的真实感受，与真实的内在小孩对话，了解、关注和重视自己的感受和需要，可以帮助你疗愈过去的创伤。

7.4 放弃全能自恋，分离自己与他人的课题

过去的30年里，佳敏一直背负着母亲的情绪。

在佳敏的印象中，母亲性格内向，沉默寡言，生活方面很俭朴，却又时常展露出一股倔强；父亲热情健谈，有点虚荣，喜欢招呼朋友来家里做客或是请人去外面吃饭，经常把家里的钱借给朋友。母亲心里有很多怨言，认为父亲花钱无节制，不太顾家，可她不善于沟通，总是独自生闷气，摆出一副不高兴的面孔。每次见到母亲冷漠不悦的样子，父亲都会指责她性格不好，于是两个人经常吵架。

佳敏读书的时候，经常要扮演安慰父母的调和者。待她上大学和工作后，虽不常在家，可每次和母亲通电话，都要听母亲唠叨近期发生的那些芝麻绿豆大的事情，以及对父亲的种种不满和埋怨。佳敏心疼母亲，总是好生劝慰，想让她心情好一点。可是，挂断电话之后，佳敏的心情总是一落千丈，好几天都是消沉的。

佳敏的内心有一种深深的无力感，她觉得自己无法做到让父母融洽相处，也责备自己赚的钱太少，不能让母亲免去对金钱的担忧。想到母亲委屈落泪的样子，她心里就一阵酸楚。

为了摆脱这种痛苦的状态，佳敏鼓起勇气走进了咨询室。在心理咨询师的帮助下，佳敏意识到了问题的根源——她把自己代入到了母亲的情绪中，总想替母亲分担痛苦。随

着咨询的进展，佳敏也逐渐认清了一个事实：父母之间的问题应当由他们自己来解决，她没有义务去背负这些问题，也无力去承担；母亲对父亲的不满，以及她所感受到的委屈，都是属于母亲的情绪。作为女儿，她可以选择倾听和共情，也可以选择让母亲用其他的方式去消解。每个人都必须对自己的情绪和行为负责，母亲也不例外。

过度共情的高敏感者，对他人的情绪敏感且反应强烈，经常分不清楚自己的情绪和他人情绪，总是内化他人的感受，认为自己要对他人的情绪负责，有责任把他人从痛苦中拯救出来。从本质上来说，这样的想法和行为属于边界不清。

每个人都是独立于他人的个体，即便彼此的关系很亲密，即便对他人产生了共情，也当明确个人的边界。每个人活在这个世上都有自己的课题，我们无法拯救他人的命运，也无法背负他人的痛苦。过度共情，只会不断吸食他人的负面情绪，让自己的人生走向失控的境地。要扭转这一情形，高敏感者需要注意以下几个问题：

划重点

识别情绪是谁的

当一个人心情不好，希望独自待一会儿时，你要明白，这份沮丧的情绪是属于他的。即使你感受到了他的烦闷，也不要觉得自己有义务和责任把他从烦闷中拉出来，这是过度共情的表现。你要做的是表达出你的理解，主动给对方留出一个安静的空间，让他去消化自己的情绪。切记，识别谁是情绪的主体，理性看待他人的境遇，分离自己与他人的课题。

划重点

克制取悦的冲动

每次看到男友神情凝重，或独自待在房间里，小艾就会特别紧张，总怀疑是不是自己做错了什么惹得对方不高兴。每每这时，她就会做一些讨好的举动，以此观察男友的反应，来证实对方的消极情绪并非指向自己。

这一点是高敏感者要特别注意的。过度共情总是让你忍不住想要对他人的情绪负责，你要学会克制这种冲动，不做取悦对方的行为。

划重点

放弃全能自恋

过度共情的高敏感者缺少个人的情绪边界，总是跟他人的情绪纠缠不清，把别人的事情当成自己的事情，把别人的情绪当成自己的情绪，总想拯救别人的痛苦，消除别人的愤怒，为此耗费大量的心力。这不是健康的共情，而是全能自恋——总觉得自己是全能的，觉得自己有必要在感受到他人的痛苦时做点什么，将对方从负面情绪中拯救出来；要是不能让对方的情绪好起来，就会感到内疚。

如果你尊重对方，就请放弃这种全能自恋，承认对方是一个有独立人格的人，相信对方有能力处理好自己的情绪和问题。你能够给予的，是理解对方的感受，陪伴对方去探索解决问题的途径。当你内心涌起想要拯救对方的冲动时，不妨冷静10秒钟，试着提醒自己：这是他的情绪，他需要为此负责，我没有责任也没有能力承担他的情绪，我要把属于他的情绪还给他，默默陪伴，相信他有能力处理好自己的问题。

7.5　不要把所有的错误都揽在自己身上

上个月，白露因为高烧不退，请了3天病假。

她人没在公司，心里却一直惦记着工作的事。公司宣传部的工作量很大，新来的两个职员不太熟悉流程，许多事情都要白露指导。病假期间，身为负责人的她总是不时地询问一下工作进度。碰巧的是，有一份重要的文件必须要白露签字，她便让助理下班时顺路把文件带过来。没想到，助理在路上不小心被一辆电动车撞了。

事后很久，白露一直都觉得愧对助理，每次面对她都会有点羞愧，总试图"弥补"对方，弄得助理都觉得有点不好意思。毕竟，那次意外中，她就是擦破了点皮，没什么大碍。况且，即使不给白露送文件，她依然要经过那条路。从始至终，她也没有怪过白露。

白露的细腻多思体现在很多方面，她在亲密关系中也是一个容易自责的人。

她和男友是异地恋，每次见面都要乘坐五六个小时的高铁。为了长远打算，男友辞掉了原来的工作，来到白露所在的城市。重新找工作并不容易，那段日子，男友每天都在投简历、面试，可情况并不是很顺利。见男友迟迟没有寻觅到合适的岗位，白露觉得很内疚，认为是自己给男友的生活带来了"麻烦"。幸好，男友觉察到了她的小心翼翼，在进行了一番深度沟通之后，帮她卸下了这个沉重的心理包袱。

白露就像是一面镜子，照出了多数高敏感者存在的一种思维模式，或者说一种不合理信念：但凡有不好的事情发生，就认为是自己的错。

划重点

在心理学上，这种事事都认为自己不对的想法所引起的情绪，叫作"负罪感"。当负罪感产生时，当事人总觉得自己对所做的某件事或说过的某些话负有责任，觉得自己不该如此。这种情绪批判的不只是自己的行为，也批判了整个人。

"如果……那么……"的思维模式，是导致负罪感的重要原因。这种思维模式的危害在于，它与现实没有任何关系，只存在于主观的推理中，却严重影响自尊与自信。

为什么高敏感者容易陷入"都是我的错"的旋涡呢？

有一项针对美国大学生的调查：研究人员要求学生们记录一件"给他人带来巨大喜悦的事情"。结果很有意思，学生们对自我的不同看法，明显地影响到了事件的叙述。

高度自信的学生描述的情形多半是基于自己的能力给他人带来的快乐，而那些缺乏自信的学生记住的更多是他人的需求、他人的感受。他们强调的是利他主义，而自信的学生强调的是自己的能力。

这项调查的结果提醒我们，罪责归己与自信不足有密切的关系。

高敏感者习惯把他人的需求放在第一位，忽视自己的能力和正常需求，这使他们萌生出了一种心态：一旦事情出了问题，责任就在于自己。这样的思维模式很容易让人产生自我怀疑和焦虑抑郁的情绪。因为背负着强烈的愧疚感，他们的生活和心情都变得很沉重。

自责会影响自信的确立，给心灵增加负担，使人饱受内疚感和羞耻感的折磨。要改变这一切，就得增强自我意识，告别"我应该""我后悔""我不喜欢自己"的思维方式。

> **划重点**
> 学会转移注意力

把注意力从感到自责的事情上转移,做发自内心真正喜欢的事,并全身心地投入其中。心理学研究证实:全身心投入一件事情里,可以有效地滋养人的精力,消除人们对自己的不满情绪。比如:读一本喜欢的书,听一场美妙的音乐会,来一场有趣的旅行,全身心地投入那件事情中,尽情地享受过程。

> **划重点**
> 实事求是地归责

现实中某一结果的发生,通常不是单方面原因所致。要实事求是地评价自己在各种事情中应当负的责任,不要盲目夸大自己的"破坏力"。这样可以有效地保护自信心,更好地应对挫折,摆脱焦虑、内疚、悔恨等负面情绪的困扰。

7.6 与其勉为其难,不如勇敢说"不"

三年前的蔷薇,宁愿撒谎,也不愿说"不"。

上司临时交代一项加急任务,连续半个月没有休息过的蔷薇,承接了这个项目。在连加了三天班后,她总算把方案赶了出来。刚想着可以松口气,在周末休息一下,没想到大学同学又打来电话，让她帮忙写一份演讲稿。蔷薇不想写，可人家难得开一次口，还提前订好了吃晚饭的餐厅，蔷薇实在不好意思拒绝，就花了一下午的时间帮对方写了一份。

赴了晚餐之约后，蔷薇打车回到家，瘫在沙发上不想起来。写演讲稿不算太辛苦，可是吃饭、聊天、往返路程，对她来说也是巨大的消耗。可是，回想起同学看到那份演讲稿后连连称赞的样子，她还是挺欣慰的。起码，她觉得自己还是很有价值的。

三年后的蔷薇，宁愿让他人失望，也不想勉为其难。

远道而来的朋友，邀请蔷薇一起吃饭，并告知明天一早就要离开这座城市。蔷薇刚刚从外地出差回来，很想在家陪伴爱人和孩子。她没有碍于面子去赴约，而是把情况如实告诉了对方："我刚出差回来，这几天没有在家，孩子生病一直是我爱人在照顾，他也有很多工作要处理，我实在不方便出门赴约。感谢你的邀请，下次有机会咱们再聚吧？"

高敏感的你，更像是三年前的蔷薇，还是三年后的蔷薇呢？

从处理问题的层面上讲，蔷薇的变化在于：面对别人的请求时，以前是抹不开面子拒绝，现在是结合自我需求适当拒绝。看似就是一两句话的不同，可获取的内心感受与精神状态却是完全不一样的，直接影响着生活的质量。

盲目地应承他人的要求，不考虑自身的情况，就如同自我的世界被他人的意志占满，给生活和工作造成极大的压力，让身心持续处在紧张和疲劳的状态下，既得不到协助，又无法完全摆脱，只能拼命压榨自己的时间和精力，激发更多的能量来兑现承诺。

人是无法欺骗自己的，违心地选择了接受，内心的不情愿不会放过自己，它会不时地搅乱你的安宁，让你不开心。内心的负面情绪不断积压、蔓延，就会成为一种"传染源"，让身边的每个人都察觉到异样。当你把消极的语气、情绪和表情传递给他人时，也间接地让他们接收了你的信号，将其反馈到你身上，从而在人际关系方面进一步造成精力损耗。

没有谁是不知疲倦的机器，是否接受他人的请求，要对自身的情况进行分析与衡量。你并非圣人，更不是超人，做任何事都不可能维护所有人的利益，照顾所有人的感受。对于不合理的、无能为力的请求，要顺应自己的心声，尊重自己内心的情感，坚持自己的立场，对不想要、不需要的人和事说"不"，避免被违心应承下来的负担压得透不过气。

高敏感者对他人情绪过度敏感，总担心拒绝他人会给对方造成伤害。其实，这种担忧大可不必。那些真正信任和尊重你的人，不会因合理的拒绝而恼火；明知你不愿意，非让你勉为其难的人，看重的也只是你的利用价值，不值得交往。

学会说"不"吧，那样你会活得轻松许多。

7.7 远离那些会榨干你的"情感吸血鬼"

相比生性钝感的人,高敏感的人在生活中总是会遇到更多的困扰。

美国南加利福尼亚大学医学院博士、精神科医生朱迪斯·欧洛芙,出生在一个杏林世家。她的长辈们很早就告诫过她,活在世上要坚强一点,脸皮"厚"一点。然而,欧洛芙是一个天生的高敏感者,无论是在个人生活还是职业生涯中,她都很关注"高敏感"的话题。

欧洛芙结合临床案例指出,高敏感者由于感受过分灵敏,难以在自己和他人之间构筑起一道围墙,很容易被外界排山倒海的刺激压倒,也很容易被身边的"情感吸血鬼"利用。

如果把"情感吸血鬼"比喻成捕猎者,那么高敏感型人无疑是最理想的猎物,因为他们善良、真诚,共情能力强,容易信赖他人,心理上缺少一道坚实的篱笆(边界),不太懂得保护自己。

女孩K有一个关系要好的闺蜜,两个人在中学时期就认识,已经相处多年。可是,K总觉得这段关系是失衡的,闺蜜占据上风,自己是一个附庸者。平时,无论是吃什么、玩什么,都是闺蜜做主;到了付钱的时候,却是K出大头。

闺蜜经常贬低K,说她性格沉闷、头脑不够灵光,只有她愿意和K待在一起。她们在一起时,闺蜜是一副带着优越感的公主姿态，而K却是一副怯懦的仆人模样。时间久了，K越来越自卑，甚至感觉自己不配被人喜欢。很多时候，她明明感受到了闺蜜的欺凌与羞辱，却不敢轻易放弃这段关系。

"情感吸血鬼"不只来自同学或朋友，有时也来自关系最亲近的家人。

在H的记忆中，父母都很沉迷打牌，常常要玩到后半夜才回家。每天放学回来，家里都是冷锅冷灶，父母在桌子上放20元，那是留给H的餐费，让她去外面买着吃。

H高中毕业之后就去工作了，十几年过去了，靠着自己的踏实肯干，她也成了一家连锁店的店长。如果单纯支撑自己的生活，H的月薪是足够用的，还能有一点结余。可是，父母这些年的牌瘾越来越大，已经接近赌博的程度，经常打电话管H要钱，说给家里添置东西，还经常因为鸡毛蒜皮的事情吵着要离婚。

每次看到父母的来电，H都像条件反射一样感到心慌和抗拒。她知道，父母找自己就两件事，一是要钱，二是处理麻烦事。这些年H记不清楚给了家里多少钱，连弟弟大学四年的学费也是她出的。现在弟弟大学毕业了，父母竟然提出让H帮衬着一起给弟弟买房，开口就是20万元……H的内心涌动着愤怒，可又无处发泄。她感觉，父母就像"吸血鬼"一样，死死地拽着她，不断消耗和榨取她的金钱、情感和精力。

高敏感者应当留意身边是否存在"情感吸血鬼"。他们的负能量极强、破坏力极大，会通过剥夺、控制、贬低、卖惨等方式来吸食你的情感能量，把你的生活搅得支离破碎（图7-1）。

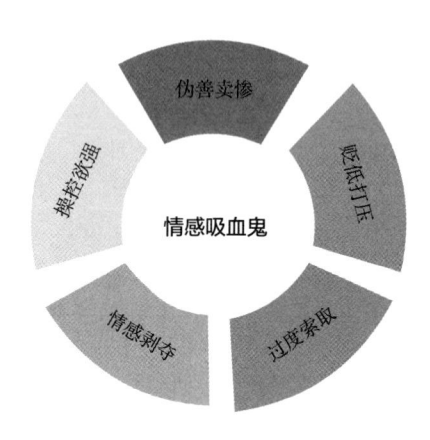

图7-1 情感吸血鬼

如果高敏感的你正处在一段虐待性、不健康的关系中，如何在"情感吸血鬼"把你榨干之前，实现自我拯救呢？

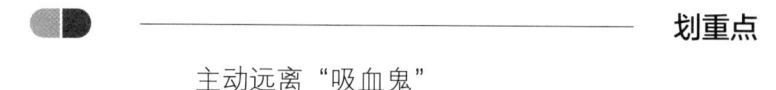

划重点

主动远离"吸血鬼"

最简单的保护自己不受"情感吸血鬼"伤害的方法，就是主动远离，把他们从你的生活中清理出去，不要再为他们伤害你的行为寻找理由。

如果你发现某人是"情感吸血鬼"，而自己很难放下对方，就要检查一下自己是否存在低自尊的问题，或是陷入了"强迫性重复"的怪圈，即反复卷入相似的困境，下意识地为了获得对困境的掌控感，结果给自己带来更多的伤害。

不得不承认，有时离开并不是一件容易的事。如果暂时没办法结束这段关系，那你可以考虑下面的这些做法，有效地降低他们对你的情感消耗。

划重点

坚定自己的价值

"情感吸血鬼"总是习惯性地贬低人、羞辱人，甚至把自己犯的错误赖在他人身上。遇到这样的情形，不要把他们的话当真。他们这样说只是为了满足膨胀的自我意识，因为他们内心是虚弱的，无法面对自己犯错的事实。

绝大多数情况下，那些贬低和羞辱不过是他们的投射，不要因为这些评价而相信自己有那么糟糕，要坚信自己的价值，关注那些能够给自己带来成功体验的事情。你活得越自信、越充实，就越不容易被他们操控。

划重点

有技巧地对质

当你识别出了"情感吸血鬼"采用的某些策略，试图让你顺从或承担责任时，你要持续关注他们对你的伤害，不接受他们为回避问题、转移责任所找的借口，坚持要求他们做出行为上的修正，明确他们应当承担的责任。

这种对质是必要的，但在对质时要讲求一些技巧：对质的方式要坦率，仅聚焦对方的不当行为，不掺杂敌意，不刻意诋毁、威胁对方。你只需要保护自己，保证自己的需求。重要的是，在他们采取行动的初期，就迅速地作出反应，把自己从劣势地位中解救出来，让他们知道，你在争取权力平衡。

划重点

设定自己的边界

与"情感吸血鬼"相处，你要设定自己的边界，让对方明确地知道你的底线，该拒绝时要拒绝；同时，你也要敢于提要求，用"我"开头的语句，明确你究竟想要什么、不想要什么、不喜欢什么，如"我不喜欢你……""我要你……"。这种直接而具体的请求，可以避免他们曲解你的需求和期望。

划重点

专注当下的问题

当"情感吸血鬼"的行为遭到质疑时，他们往往会用牵制性、逃避性的策略让你偏离正在对质的问题。有时，他们会翻出很久以前的事情，指责你做了什么、说了什么，扮演受害者的角色。此时，切记不要被他们带偏，要集中精力专注于当下的事，不谈过去和未来，只谈你想要的答案和结果。如此一来，他们就很难操控你了。

CHAPTER 08 　如何活出真实舒适的自我

自救指南　放弃虚假自我，打造一份自我关爱清单

8.1　撕下虚假自我的面具，世界不会坍塌

身边的一位心理咨询师同行说，借助咨询室的这扇窗户，他看到了世间百态。

在近二十年的职业生涯中，他接触过各式各样的人：有被情感和婚姻折磨得苦恼不堪的女性；有学业和生活一塌糊涂的年轻学生；有被顽皮行径搞得焦头烂额的父母；也有担任要职却因过分焦虑而严重影响工作的专业人员……这些人所处的情境不同，苦恼的原因也不太一样，但在这些差异后面，有着一个共同探求的核心问题：我到底是什么样的人？我怎样才能接触到隐藏在表面行为之下的真实自己？我怎样才能真正地成为我自己？

美国人本主义心理学家卡尔·罗杰斯指出，每个人的心中都有两个自我：一个是自我概念，即真实自我；另一个是打算成为的自我，即理想自我。如果两个自我有很大的重合，或是相当接近，人的心理就比较健康；如果两种自我评

价间的差距过大，就会导致焦虑。

为了应对焦虑的情绪，很多人选择花费大量的精力去经营"虚假自我"。

划重点

虚假自我，是英国儿童专家、精神分析学家唐纳德·温尼科特提出的概念，他将其描述为"具有双重功能的礼仪型人格"：其一，遇到"危险"时，虚假自我会隐藏起真实自我，以免后者受到伤害；其二，虚假自我赋予个体一定的适应能力，以便应对环境的限制。

在生命中的某一时刻，在多次受到批评、拒绝或贬低之后，许多高敏感者会下意识地发誓不再把真实的自我表现出来，以避免自己再受到同样的伤害。就这样，他们发展出了一个可以适应社会的外在形象，它是经过精心修饰的，压抑了真实自我的表达。

为了维护这个外在的形象，高敏感者做出了许多牺牲，可能是忍受一份不太喜欢的工作，可能是沉浸在一段不健康的亲密关系中，还可能是抑制自己的创造性表达。有时，明明知道一个群体并不适合自己，却在里面停留很久，且安慰自己说，只要足够努力，一定可以被接纳和认可。久而久之，就忘记了真实的自己，在憋屈的生活现状中沉闷地活着。

从本质上来说，虚假自我是一种心理防御，目的在于呈现出一个相对理想和完美的形象，以避免用真实的自我示人。这个理想形象的出现，看似可以补偿对真实自我的不满，但最终的结果却是，更加难以面对真实的自我，更加蔑视、厌恶自己，因为把自己过分"拔高"了，现实中的自己根本无法企及。在理想化自我与真实自我之间痛苦挣扎，在自我欣赏和自我歧视之间左右徘徊，既迷茫又困惑，找不到停靠的岸。

温尼科特告诉我们，真实的自我不会消失，只会被隐匿起来，甚至被不计后果地压制。在高敏感者眼中，他们的真实自我往往是怪异、脆弱的，适应能力很差，一碰就会碎，不讨人喜欢。他们对自己缺少信心，对所在的环境也没有任何期待。因为害怕受到伤害，他们会小心翼翼地掩饰真实的自我，一次次地错过或放弃绽放自我的机会。

虚假自我是高敏感者打造出来用以保护自己的外壳。最初，它的确可以起到保护的作用，但它是虚幻的，也是沉重的。饰演虚假自我，戴着面具生活，是一件极其耗费心力的事。因为你不仅要苦心维持那个虚假的理想自我，还要承受真实自我被他人看到的恐惧与担忧。

高敏感者的内心一直认为，如果丢掉虚假自我，就会陷入危险的境地。殊不知，虚假自我才是危险本身，它会在时间的沉积中染上锈迹，变得沉重，阻碍你前行。想要从沉重中解脱出来，必须拆掉所有的防御，勇敢地审视被外壳包裹住的自己，接近自己的本来面目。

精神学家爱德华·惠特蒙说："我们只有满怀震惊地看到真实的自己，而不是看到我们希望或想象中的自己，才算迈向个人生活现实的第一步。"卡尔·罗杰斯也说过："如果我与人接触时不带任何掩饰，不企图矫揉造作地掩盖自己的本色，我就可以学到许多东西，甚至从别人对我的批评和敌意中也能学到。这时，我也能感到更轻松解脱，与人也更加接近。"

划重点

> 直面真实的自我是一种挑战，却也是让高敏感者步履轻盈过生活的唯一途径。当你不需要再遮遮掩掩，不再畏惧以真实的自我示人时，大量的精力就得到了释放，让你将其集中在可以改变的事物上，用心去体会充满情感、有血有肉、起伏变幻的生命过程。

8.2 拥抱你的高敏感，更好地成为你自己

欧文·亚隆，心理学界最具影响力的心理治疗大师之一。人们敬佩他在专业领域中做出的伟大成就，但更敬佩他

敢于直面自我、拥抱阴影的真实与坦率。在自传《成为我自己》中，他用质朴真实的语言记录了"成为自己"的心路历程，将最真实的生命经历娓娓道来，有恩爱、荣耀与辉煌，也有悔恨、无助与彷徨。

欧文·亚隆的一生都在探索、分析和重建自我。然而，到了耄耋之年，他却坦言自己的内心深处有一泓永远都处理不了的流水——"我与母亲的关系是我一辈子的伤痛，我可能永远也无法摆脱。"

无法摆脱，又怎样呢？作为一名心理治疗师，欧文·亚隆比普通人更清楚，每个人都是不完美的，生活也总是有缺憾的，带着伤痛继续前行，就是从旧我中生出新我，从心理创伤中找到力量的正解。

在心理治疗方面，欧文·亚隆先生的成就是常人难以企及的，但他同时也和千千万万的普通人一样，对父母有爱恨怨憎，也曾回避过自己的某些部分。他并不完美，却无比真实。正是这份真实，给千万人带去了力量，让他们更优雅、更有勇气地面对生活，更好地成为自己。

很早以前读过一段话，具体来源已经记不清了，但内容深深烙在了心里："如果你是一粒萝卜种子，那就努力自由地生长成一棵你所能长成的最好的萝卜；如果你是一粒青菜的种子，那你就该成长为一棵你所能长成的最好的青菜！不是做那个最好的萝卜青菜，也不是做别人喜欢的萝卜青菜，而是你所能长成的最好的萝卜青菜。"

划重点

欧文·亚隆是真实的,他也用诚实的态度给我们指明了与自我和解的途径:你可能无法成为更好的自己,但你一定可以更好地成为你自己。

生性敏感的你,可能一度将自身的特质视为一种缺陷,可能努力尝试让自己变得像其他人一样钝感,饱受心酸与委屈。现在,请你彻底放弃这种想法吧,也不必强迫自己变成另外的什么人。你的差异让你独一无二,你的差异让你在人群中脱颖而出。你该是什么样子就是什么样子,这就是你最好的状态。

认同真实的自己,意味着要认同自己的优点和缺点。当你发现自己的优点时,要在心中默念"这就是我";当你觉得自己哪里有不足时,要在心中默念"这也是我的一部分"。这两句话传递出的信息是,你坦然接受自己的一切,无论好与坏。熟练掌握并习惯使用它们和自己对话,可以有效地帮你改掉自我否定的习惯。

8.3 委曲不能求全,说出你内心的挣扎

对于性格外向、擅长交往的人来说,在聚会上端着香槟聊

聊天是一件很轻松的事，这能给他们带来能量。可是对高敏感的M先生来说，站在人群中，尴尬地端着香槟，不晓得能与谁进行深度交流，这样的场合只会让他感到厌烦和疲惫。

M先生的疲惫不只出现在职场与社交场合，有时在家里他也会感到烦闷和压抑。如果哪天他没有承担家务，帮忙照看孩子，妻子就会吵闹，言语中带着强烈的怨气。这样的刺激，让M先生的神经系统失去了平衡。为了避免吵闹，他总是默默地多干活，可心里却很压抑。

只有每天停车到楼下的那几分钟，他才能找到片刻的宁静，但这时间太过短暂。他渴望有足够的时间和空间来独处，可在妻子看来，那是不负责任的表现。作为丈夫和父亲，他理应在休息时做家务、陪孩子，这才是最重要的。他不想破坏关系，只好委屈自己。

不难看出，M先生是一个有着高敏感特质的人。对高敏感者来说，如果伴侣是一个外向活泼的人，同时又可以理解和尊重自己的特质，这样的结合可以带来很多优势。比如，伴侣可以带孩子去游乐园、去商超，参加各种热闹的活动，留给高敏感者独处的空间。但是，如果伴侣无法理解高敏感者的特质，相处起来就容易出现摩擦和矛盾，令彼此身心俱疲。

面对这样的情形，许多高敏感的人会选择委曲求全。以M先生为例，他明明很需要独处的空间，却在告别职场的喧嚣后，选择在家承担更多的家务，以免妻子抱怨。我们都知道，伪装真实的感受需要耗费大量的精力，也无法真正地解决问题。这就好比，不开心的时候也可以面带微笑，或是出于礼貌，或是出于无奈。然而，微笑不是发自内心的，长时间地伪装只会让脸部的肌肉变得僵硬，让压抑和烦躁倍增。

划重点

高敏感者选择委曲求全，是因为他们很容易出现不合时宜的良心不安。倘若无法成为完美的丈夫、妻子或父母，他们就会感到自责。为此，他们尽力满足身边人的期待，表现出他们满意的样子，由此来避免良心不安。

这种做法是徒劳的，只会陷入恶性循环，最终让高敏感者精疲力尽，彻底丧失自我。那么，高敏感者到底该怎样解决这一困惑呢？

划重点

丹麦心理学家伊尔斯·桑德强调："如果你有足够的勇气告诉他人，你很容易疲惫，虽然你很享受跟他们在一起的时光，但是长时间相处后短暂的休息也是好的，那么你离成功适应自己的敏感型人格不远了。"

任何一段关系都可能出现矛盾冲突，逃避解决不了问题；与其苦苦伪装真实的感受，不如将内心的挣扎说出来，让对方知晓自己的感受，而后在相互尊重的基础上达成妥协，弄清楚在有人感到不满的情况下该怎样相处。

伊尔斯·桑德在丹麦编写了一份调查问卷，邀请45位高敏感者来作答。该问卷中提到，当生气时你希望亲友如何回应你？答案不尽相同，但也存在一些共性。伊尔斯·桑德将其制作成一份指南，送给高敏感者的亲友。

现在，我们一起来看看这份指南，希望它也能够给高敏感的朋友带去一点启发和帮助：

1.不要大吵大叫，那样我会感到震惊，充满恐惧，听不进你说的话。

2.如果你的表达方式太激烈，事后我可能会原谅你，但在当时我会很害怕，未来几天都心神不宁。就算最后事情圆满解决了，你觉得把话说清楚是好事，我也会因为这样的处理方式而受到伤害。

3.冷静地告诉我，你为什么会生气？你希望我做些什么？听完后，我会努力地配合，尽可能地理解你的感受，并尽力找出彼此都可以接受的解决方案。

4.当我生气的时候，请给我一点时间，我需要找到内心的安宁。在找到它之前，我可能会先疏远你一段时间。你可能会迅速地厘清问题，但我需要很长时间思考并组织语言。

5.当我向你解释是怎么回事的时候，请你保持冷静。如果你打断我，或者作出愤怒的回应，我会全身僵硬、张口结舌。如果我觉得你没在认真听，就无法集中精力说完。一旦思路被打断，我会失去把话说完的动力，会感觉精疲力竭。

6.请理解，这样的情况会让我感到不安，我需要得到你的理解。

你也可以根据自己的实际情况，列出不同情境下与伴侣或其他人的一份"心愿清单"，坦白地说出你内心的挣扎，比如：

1.我也很想跟你多待会儿，但我实在有些累了，如果我现在不回去休息，明天我可能没有足够的精力来应对工作。

2.我现在有点累，没办法在我们交流的过程中集中注意力。我希望自己待一会儿，稍后再跟你沟通这个问题。

3.我希望每周能有一天独处的时间来恢复精力，以便更好地陪伴家人、处理家务。

4.我非常高兴你邀请我，可惜我不太适合参加聚会，因为我特别敏感。

……

8.4 自我照顾不是自私，无须感到内疚

38岁的Z女士，在公司里担任营销主管，每天要处理大量的工作事务，有时忙起来都无暇吃饭。晚上回家后，她还要

一边整理家务,一边盯着孩子的功课。好不容易熬到周末,除了带孩子去兴趣班,还要抽出半天时间去照顾卧病在床的母亲,几乎是全年无休。

这种连轴转的状态,带来的不只是身体上的疲惫,还有反复无常的情绪。她在教育孩子的时候,经常难以自控地发脾气,担心破坏亲子关系的她,只好求助于咨询师,希望对方能够帮助自己有效地控制情绪。

经过几次深度交流之后,咨询师发现,Z女士的问题并非知识上的不足,而是长期的体力透支。咨询师问Z女士:"如果给你半天的休息时间,你最想做什么?"Z女士长舒一口气,说:"就想安静地喝一杯咖啡,什么都不做。"咨询师把这件事当成了"家庭作业"布置给Z女士,让她这周抽出半天时间(或请年假)去喝咖啡,Z女士应允了。

然而,一周之后,Z女士略带歉意地告诉咨询师,她没有完成这项作业。原本,周六下午她是准备去咖啡厅的,可是在距离咖啡厅还有一半路程的时候,她心中忽然涌上了一股"内疚感",觉得自己太自私了,只顾着去享受喝咖啡的时光,把瘫痪在床的母亲抛在脑后。于是,她就中途下车,转而去了父母家。

为事业奔忙、为家人付出的Z女士,连喝一杯咖啡的时间都舍不得给自己,令人叹息,也令人心疼。在现实生活中,很多高敏感者会把自我照顾和自私联系在一起,有些人是不敢享受休息的时光，有些人是不舍得为自己花钱，一旦为自己做点儿事情，就会被愧疚和自责笼罩，心里默默念叨着"我不能这么自私"。

这种想法与长期以来接受的家庭教育和文化观念有一定关系，比如"要懂得关爱他人""不可以太自私""要考虑他人的感受"。高敏感者很会察言观色，又很在意他人的看法和评价，为了获得他人的肯定与欣赏，他们经常会刻意讨好、照顾身边的人，压抑自己的需求和感受。他们不敢好好照顾自我，在满足自己的需要时，总是伴随着强烈的愧疚感与自我审查感，似乎满足了自己的需求，就会给别人带来伤害和痛苦。然而，感受是真实存在的，压抑不代表消解，久而久之就会积累成"怨"，让高敏感者在关系中变得易怒，也让身边的人感到压力重重。

电视剧《小欢喜》中，单亲妈妈宋倩一个人把英子拉扯大，白天要上课，晚上要备课，照顾英子的饮食起居，生活几乎都是围着英子转。她百分之百地对英子好，牺牲自己所有的时间和精力去照顾她，可她们之间的关系却并不理想。英子感受到的不是爱，是妈妈对她边界的侵犯和控制。英子只想逃离这份窒息的枷锁，甚至不惜付出生命的代价。

划重点

没有原则地放弃自己的需要，违背自己的意愿对他人好，这种"不自私"被内化之后，会让人

> 产生一种"不配得感",对自己有需求这件事感到羞耻,想要的东西不敢去争取,被照顾时感觉自己"不值得",犯了一点小错就狠狠批评自己。与此同时,这种"不自私"也给关系带来负面影响,让长期接受"付出"的一方不堪重负,想要逃离。

高敏感者需要重建一种认知——自我照顾不代表自私,两者之间有本质的区别。

自私:只对自己感兴趣,想把一切占为己有,给予的时候很不快乐。对外界的设想只着眼于自己可以得到什么,只看到自己,无视他人的需求。

自我照顾:在照顾他人的同时,也关注自己的需求;会为别人付出,但知道什么时候给自己充电;允许自己享受生活,敢为自己的需要去争取。照顾好自己,是为了以更好的状态回到关系中,与他人和谐友爱地相处。

每一个人都应当学会爱自己、照顾自己,无须为此感到抱歉。如果不断地把时间和精力投注在别人身上,不给自己留任何缓冲的空间,终有一日会精疲力竭。下面有一些自我照顾的建议,你不妨将它们融入自己的生活中:

划重点

重视你的生活品质

人的精力基石是体能，保持规律的生活作息、良好的睡眠、健康的饮食，对稳定和平衡情绪很有帮助。如果你感到疲倦，千万不要硬撑，留出2~3小时让自己彻底放松一下，你会更有精神和能量去应对琐碎的生活。另外，高敏感者的感官很容易受到过度刺激，故而更需要给自己留出"空白时间"，让感官得以休息。

划重点

设定健康的界限

你不是万能的超人，你也需要花一点时间来关照自己，因此设定健康的界限尤为重要。你不必对每一个请求都说"是"，这样才能有效地分配自己的时间。

划重点

做自己喜欢的事

适当调整一下自己每天的时间使用情况，力求专门安排一段时间用来做自己喜欢的事，让自己从压力的情境中抽离，暂时放下心理负担，获得喘息的空间。不要感到羞耻和不安，停下是为了更好地出发；更何况，只有先把自己照顾好，你才有余力照顾他人。

划重点

做对自己有益的事

有些事情做起来虽然不太愉快，但最终能让自己受益，比如：健康体检、看牙医、学习一门技能。这些事情体现着你对身体的重视，说明你愿意为提升自我价值投资。

8.5　每天5分钟，让冥想成为你的日常

身在这个压力重重的时代，我们无法彻底逃离纷繁复杂的世事，但我们有选择的权利，有权存留对自己有益的消息，过滤那些无用的消息。当我们了解到深呼吸对身体和精神的益处，并逐渐将这种呼吸方式养成习惯后，还可以做一个深度的放松，进行休息训练——冥想。

心理是脑的机能，脑是心理的器官。我们在进行理性判断和自主选择时，主要依靠大脑的前额叶皮质，这个区域十分关键。相关研究发现，长期进行冥想训练的人，大脑前额叶皮质中的灰质增加了。换句话说，通过冥想训练，有可能获得更发达的前额叶皮质，从而更好地控制自己的情绪和选择。冥想的一呼一吸，也可以刺激副交感神经，舒缓压力。

在碎片化信息泛滥的时代，每天睁开眼就会看到、听到大量的社会性新闻。这些繁杂的信息，有正向的也有负向的，让高敏感者的思绪忍不住跟着一起缠绕；再加上消耗心力体力的工作，麻烦不断的人际关系，真的是不堪重负。

在快节奏、高压力的处境下，高敏感者不妨试着把冥想

列入日清单之中，它有助于让思绪回到当下，集中意识，提升注意力和创造力。不需要花费太多的时间，每天只要5分钟，就可以让你的体能、思维和情感平复下来。

那么，冥想该怎么进行呢？这里推荐两个简单好用的冥想法：

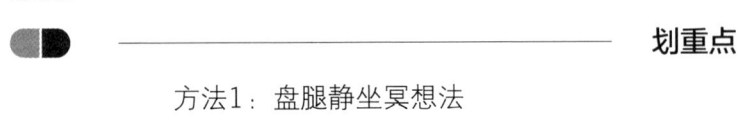

划重点

方法1：盘腿静坐冥想法

1.找到一处安静的、不受干扰的地方，盘腿静坐，双手自然垂放在两个膝盖上。

2.闭上眼睛，把全身的精力集中在呼吸上。

3.用腹部呼吸，深深地吸气，腹部外扩。

4.吸到最大，屏气。

5.缓缓呼气，腹部内收。

6.呼出全部，屏气。

在冥想的过程中，如果注意力忽然不集中了，大脑冒出其他的想法，没关系，不用着急或回避，承认这个想法，再把它放走，意识始终专注于呼吸。不用限制一呼一吸的时长，尽自己最大的可能。长期坚持，专注力和注意力都会得到明显的提升。

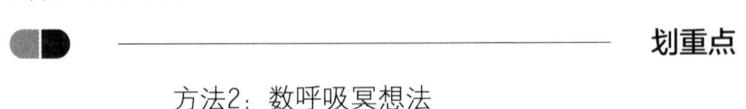

划重点

方法2：数呼吸冥想法

把全部的注意力都集中在呼吸的过程中。

吸气,想象一股美好的气流,缓慢地从鼻腔进入自己的身体,给自己带来舒适的感觉。

吐气,想象一股不好的废气,缓慢地从鼻腔离开自己的身体,让身心得到净化。

完成上述的吸气吐气过程,可以在心里记一个数,从1数到10。然后重新开始,根据自己的实际情况完成几个循环。

冥想可以让高敏感者专注地沉浸于当下,收获平静的状态。如果白天的环境比较嘈杂,不妨在每晚睡前进行5分钟的冥想,让自己卸掉一整天的疲惫,平心静气地开启睡眠模式。